세계 최고의 스타 셰프 15인
그들의 삶과 철학, 예술적 퀴진의 진수

세기의
셰프를
만나다

박루니 지음

CONTENTS

나는 알고 싶은 게 많아 먹고 싶은 게 많은 사람이다. 내 삶의 희로애락엔 음식이 함께했다. 일곱 살 때 엄마 몰래 오빠랑 처음으로 배달시켜 먹은 짜장면의 맛이 아직도 입안에서 짜릿하다. 스무 살 무렵 할머니랑 목욕탕을 나와 먹은 빨간 해장국의 얼큰함이 지금도 가슴을 얼얼하게 만든다.

음식이 주는 위안에 눈물을 삼키고, 깔깔거리며 웃고, 울고, 사람을 만나고, 이별을 하고…. 나의 과거 회상엔 늘 음식이 있다. 15년 전 어느 날 서울 한복판 길을 걷다 나를 붙잡은 자칭 도인은 말했다.

"식탐이 많으시군요."

나는 그렇게 쉽게 뭇 도인에게 읽힐 수 있는 '음식을 탐하는 관상'을 가졌나보다.

나는 모든 음식을 좋아하진 않지만, 무엇이든 먹어보려고 한다. 웬만해서는 누군가 건네는 음식을 거절하기가 쉽지 않다. 궁금하기 때문이다.
맛이 만들어내는 감정은 묘하다. 그 맛이 추억의 일부를 갑자기 끄집어낼지 모르고, 설사 '에, 퉤' 하고 뱉어내더라도 그 순간은 추억이 된다. 어쩌면 나는 두뇌로 사고하는 사람이 아닌, 혀의 미각으로 생각하는 사람일지도 모른다.

콘텐츠 제작자로서 한국에서의 오랜 조직 생활은 긴 쉼표를 갈망하게 만들었다. 모든 것을 정리하고 떠날 수 있었던 용기는 내가 만들고 싶은 콘텐츠를 만들어보자는 의지에서 시작했다. 지금까지 먹어보지 못한 맛을 보고 싶고, 그 맛을 만드는 사람을 알고 싶었다.

6년 전 내가 처음 이 책을 기획하고 있었을 때 한국에서 스타 셰프, 파인 다이닝, 미슐랭 가이드는 호기심의 대상이었다. 첫 번째 〈미쉐린 가이드 서울 2017〉이 출판되고, 해외 유명 셰프들의 레스토랑이 여러 매체에서 자주 회자되면서 지금 우리에게는 마시모 보투라Massimo Bottura와 코리 리Corey Lee 같은 세계 유명 셰프나 파인 다이닝이 더 이상 낯설지 않은 소재가 되었다.
지구 반대편에서 시작된 이 트렌드는 한국 사람들의 먹거리에 대한 높은 관심도를 반영하고 있다. 한국의 세계화란 슬로건은 이미 많은 셰프들의 손끝을 통해 현실로 이루어졌다. 이제 유명 셰프들은 레스토랑을 넘어 전 세계의 미식 트렌드를 선도하는 문화의 아이콘이 되었다.

이 책에 실린 인터뷰는 매거진 기사를 기초해, 전 세계인의 사랑을 받고 있는 세기의 셰프 15명의 요리와 인생 이야기를 담았다. 한때 막연히 셰프가 되고 싶었던 나, 셰프가 되고 싶은 그 누군가, 그리고 이미 셰프가 된 당신과 함께 그들의 이야기를 나누고 싶다.

Heinz Beck

국경을 넘어선 요리
하인즈 벡

Heinz Beck

1963년 독일 프리드리히스하펜 출신

1983년 독일 Passau, Berufschule 요리사 자격
1992년 독일 Altoetting 호텔 학고 마스터 오브 퀴진
1998년 이탈리아 소믈리에 협회AIS 프로페셔널 소믈리에

이탈리아 로마에 한국에선 아직 잘 알려지지 않은 월드 스타 셰프가 있다고 들었다. 독일 출신의 셰프 하인즈 벡. 그는 이탈리아를 이끄는 스타 셰프 중 한 명으로 손꼽힌다. 미슐랭, 레스프레소, 감베로 로쏘 등 미식 가이드에서 오랫동안 최상위 랭킹을 지켜온 하인즈 벡을 만나기 위해 로마 카발리에리 Roma Cavalieri 호텔을 찾았다. 이곳은 세계 최고 정상들이 즐겨 찾는 로마에서 가장 아름다운 전망을 가진 럭셔리 리조트다. 호텔 루프탑에는 스위트룸이나 펜트 하우스가 아닌 하인즈 벡의 레스토랑 라 페르고라 La Pergola 가 있다.

셰프를 만나러 가는 날, 호텔 주변 경비가 꽤 삼엄했다. 셰프의 레스토랑에서 이스라엘 대통령이 만찬을 연다고 했다. 이스라엘 대통령이 로마를 방문할 때마다 라 페르고라를 찾는다고 하니 셰프의 요리가 더 궁금해졌다. 레스토랑을 들어서니 로마 시내가 내려다보이는 탁 트인 전망에 절로 감탄이 나온다. 프레스코화와 18~19세기의 예술품들로 꾸며진 다이닝 홀은 품격 있다.

"안녕하세요? 하인즈 벡입니다. 한국에서 오셨다고요?"
생기 넘쳐 보이는 셰프 하인즈 벡이 인사를 한다. 내가 한국에서 왔다니 유독 관심을 보인다.

한국을 방문한 적이 있는가.

몇 년 전, 행사 때문에 한국을 처음 방문했어요. 짧은 일정이었지만 한국에 대한 기억이 선명합니다. 사실 한국 요리는 이탈리아에서 찾아보기 힘들어요. 한국에 가서 다양한 전통, 현대 요리를 맛보면서 매운맛을 경험했어요. 개인적으로 매운 음식을 즐겨 찾진 않지만, 한국의 매운맛엔 뭔가 사람을 매료시키는 힘이 있는 것 같아요. 한국 문화의 이미지와 흡사한 중독성 있는 매력이랄까요? 한국 음식이 아직 세계적으로 널리 알려지지 않아 아쉬워요. 기회가 된다면 한국 요리를 심도 있게 배우고 싶어요.

셰프가 꿈이었나.

원래 화가가 되고 싶었어요. 제가 어렸을 땐 '배고픈 예술가'란 의식이 지금보다 더 강했어요. 더구나 주얼리 사업을 하셨던 아버지는 제가 가업을 이어가길 바라셨죠. 아버지의 염려를 이해했지만 어린 마음에 아버지의 반대에 마음이 많이 상하기도 했습니다. 아버지와 독립된 삶을 살고 싶었어요. 결국 고민 끝에 화가도 비즈니스맨도 아닌 셰프가 되기로 결심했어요. 어쩌면 셰프라는 직업이 아버지와 저의 의견이 만나는 중간 어디쯤에 있을 거란 생각을 했어요. 셰프는 실용적인 예술가잖아요. 파사우 직업 학교에서 처음 요리를 배우기 시작했고, 지금까지 셰프가 아닌 다른 꿈은 한번도 가져본 적이 없어요.

최고의 셰프가 되기 위해 어떠한 노력이 필요한지 궁금하다.

잠자는 서너 시간을 제외하고는 언제나 요리만 생각해요. 지금의 셰프 하인즈 벡이 되기까지 가장 큰 비밀이 무엇이냐고 물어보면 100% 노력이라고 답하고 싶어요. 셰프는 제가 선택한 제 결정이잖아요. 요리를 단 한번도 가볍게 여기지 않았어요. 거룩한 책임감이라고나 할까요? 처음엔 좋은 셰프가 되고 싶었고, 나중엔 좋은 셰프보다 더 나은 최고 셰프가 되고 싶었어요. 최고 셰프가 되는 왕도는 없는 것 같아요. 더 많이 보고, 배우고, 요리하는 수밖에 없어요.

지금의 자리에 이르기까지 어려움이 많았을 것 같다.

세상에 어렵지 않은 일은 없다고 생각해요. 처음 요리를 시작했을 때도 호텔에서 인턴으로 일했을 때도 그리고 지금 라 페르고라의 최고 셰프로도 어려움은 늘 있기 마련이죠. 하지만 저는 어려움을 장애라고 생각하진 않아요. 저를 더 나은 사람으로 그리고 셰프로 훈련할 수 있는 기회로 받아들이죠. 매번 찾아오는 위기를 적敵으로 만들어 놓아버리면 상황이 더 힘들어져요. 오히려 동지로 담담하게 받아들였을 때, 헤쳐나갈 길이 보이는 것 같아요.

독일 출신의 셰프가 이탈리아에 정착하게 된 동기가 있다면.

레스토랑 할레킨Harlekin에서 헤드 셰프로 일한 지 1년 만에 라 페르고라에서 스카우트 제의가 들어왔어요. 제 요리와 시너지 효과를 낼 수 있는 와인에 대해 전문적으로 공부하고 싶었던 참이었죠. 독일에서 채워질 수 없는 배움에 대한 갈증도 있었습니다. 이탈리아는 와인 공부하기에 완벽한 곳이잖아요. 제가 놓치면 안 될 기회 같았어요.

그래서인가? 라 페르고라는 다양한 와인 셀렉션으로 유명하다.

라 페르고라는 19세기 전설적인 와인을 비롯해 3천5백 개의 라벨을 가진 6만 5천 병의 와인을 소장하고 있습니다. 와인 전문 잡지 <와인 스펙테이터Wine Spectator>에서 '그랜드 어워드'를 수상하기도 했어요. 요리만큼이나 와인의 세계도 무궁무진하잖아요. 전문 소믈리에 과정을 이수했는데도 아직 배워야 할 부분이 많아요. 가장 좋은 학습 방법은 그룹 스터디인 것 같아요. 전문 소믈리에들과 정기적으로 만나 와인을 배우고 있어요.

라 페르고라 직원은 대부분 장기 근속자들이다. 특별한 비법이 있는지.

(갑자기 그가 지나가던 직원에게 근무 연수를 물었다. 한 직원은 15년이라고 했고, 또 다른 직원은 13년째 셰프와 일하고 있다고 했다.) 레스토랑 직원 평균 근무 기간이 아마 10년을 웃돌 거예요. 직원이 행복하지 않으면 고객이 행복해질 수 없습니다. 직원 기술 교육도 좋지만, 직원이 행복한 일터를 만드는 것이 더 중요한 것 같아요. 사람들이 많이 모이는 일터에서 늘 좋은 일만 일어나는 건 아니잖아요. 레스토랑에서 문제가 발생했을 때 제가 혼자 해결 방안을 제시하는 것보다는 팀 전체가 함께 해결해나가려는 방법이 중요한 것 같아요. 모두가 어려움 없이 자신의 의견을 이야기하고, 서로 조율할 수 있는 열린 일터를 만들기 위해 노력하고 있습니다.

노블레스 오블리주를 실천하는 셰프로 잘 알려져 있다.

노블레스 오블리주는 너무 거창하네요. 셰프는 요리하는 사람입니다. 내 요리로 더 나은 세상을 만들 수 있다면 그보다 더 행복한 일이 또 있을까요? 개인적으로 고혈압, 당뇨, 소아 비만 같은 현대 질병과 식습관에 관심이 많아요. 같은 주제를 연구하는 다양한 전문가들과 함께 교류할 수 있는 프로젝트에 적극적으로 참여하기도 합니다. 음식 섭취와 인슐린의 상관관계나 건강한 조리법을 통한 혈관계 질환 예방법, 오메가3 지방산과 건강 등 현대인의 식습관 개선을 위한 조리법을 연구하고 개발하려고 노력하고 있습니다.

요즘 꿈이 있다면.

"나를 멈추지 말아 달라!(Don't stop me nɔw!)"는 말을 자주 해요. 새로 오픈한 레스토랑들이 좋은 반응을 받고 있어 요즘 너무 기분이 좋아요. 앞으로도 지금처럼 제 요리를 통해 전 세계와 소통했으면 좋겠어요. 과거의 열정이 현재를 만들었듯이, 지금 이 순간에 최선을 다하면 그렇게 되지 않을까요?

대통령 만찬과 장시간의 인터뷰 스케줄 병행에 지칠 만도 할 텐데, 인터뷰를 마친 후에도 셰프는 금세 자리를 떠나지 않고 내게 한국 음식에 대해 물었다. 새로운 배움의 기회를 놓치지 않으려는 셰프의 눈빛은 반짝거렸다. 그는 전 세계에 다수의 미슐랭 스타 레스토랑을 가진 월드 스타 셰프다. 몇몇 유명 셰프는 주방에서 직접 뛰어다니기보다는 사무실에 앉아 그 이름과 얼굴만 대중에 알리기도 한다. 하지만 내가 만난 셰프 하인즈 벡은 그 누구보다 먼저 행동으로 모범을 보여주는 성실한 리더였다. 자신의 선택에 책임감을 가지고 최고가 되기 위해 매 순간 정진하는 그에게 성공은 당연한 순리라는 생각이 들었다. 최고의 자리에서도 겸손하게 모든 것을 배우려는 그의 열린 마음과 열정에 존경을 표한다.

삼림지대

Woodland

자연의 건강함을 표현한 메뉴로 하인즈 벡 스타일의 요리 철학을 엿볼 수 있다. 동결 건조법을 사용하여 재료 자체 야생의 맛과 영향을 100% 살리는 것이 이 요리의 포인트다. 건조된 포르치니버섯과 검은 송로버섯으로 깊은 산속의 토양을 묘사하고, 그 위에 피스타치오 스펀지, 베이비 아스파라거스, 예루살렘 아티초크와 파스타, 푸아그라 파르페로 나무 이끼와 새싹, 통나무 등의 생동감 있는 숲을 재현했다. 바삭하게 씹히는 버섯 가루가 쌉싸래한 생재료들과 어우러져 자연 그대로의 소박하고 담백한 맛을 낸다.

방어와 석류 스노우

Amberjack and Pomegranate Snow

화이트 발사믹 식초와 엑스트라 버진 올리브오일어 절여진 방어 살이 감춰진 콜드 디시다. 보라색 포테이토칩과 민트, 석류 스노우, 식용 꽃 사이로 민트 인퓨젼을 부으면 두툼한 방어 살이 구름 위 꽃길을 산책한 듯 몽환적인 연기가 피어오른다. 먹는 재미도 있지만 보는 재미에 넋을 놓게 되는 요리다.

비너스 조개와 함초를 가미한 샐러리악 실린더

Celeriac Cylinders with Venus Clams and Salicornia

샐러리악, 비너스 조개, 엑스트라 버진 올리브오일과 생선 스톡으로 만들어진 속을 파스타 도우 안에 꽉 채운 토르텔리니 스타일 메인 요리다. 알 덴테 Al dente 로 완벽하게 조리된 샐러리악의 살아있는 질감과 감칠맛 나는 담백한 비너스 조개의 조화는 훌륭하다.

라즈베리 1.1

Raspberries 1.1

11가지 다른 스타일의 라즈베리를 한 접시에 담은 디저트 메뉴다. 한가지 재료로 응용할 수 있는 조리법의 다양성을 재치 있게 보여준다. 라즈베리로 만든 젤리, 크림, 설탕, 비스킷, 초콜릿, 설탕 조림, 스펀지, 머랭, 소르베, 펄, 생라즈베리가 숨은 그림 찾기처럼 디시 전체에 숨겨져 있다. 11가지 다른 라즈베리를 찾아가며 음미하는 재미가 쏠쏠하다.

La Pergola
Michelin ***
romecavalieri.com/la-pergola/
+39 06 3509 2152
Rome Cavalieri Waldorf Astoria Hotels & Resorts
Via A. Cadlolo, 101 - 00136 Rome, Italy
Tue-Sat 7:30-11:30p.m.

꿈꾸는 스토리텔러
조세 아빌레즈

José Avillez

1979년 포르투갈 카스카·이스 출신
2002년 포르투갈 ISCEM 비즈니스 커뮤니케이션 학사
2003년 프랑스 Alain Ducasse School

José Avillez
caderno de esboços
José Avillez
A cozinha e o mundo, notas soltas para refle

세계가 주목하는 포르투갈의 셰프 조세 아빌레즈. 요리 입문 4년 만에 쓴 셰프의 첫 요리책이 베스트셀러가 되면서 대중에게 이름을 알리기 시작했다. 조세 아빌레즈는 2009년 리스본에서 가장 오래된 레스토랑 타바레스Tavares의 수석 주방장이 된 후, 1년 만에 미슐랭 스타를 획득해 포르투갈 최연소 미슐랭 셰프가 되었다. 그의 도전은 여기서 끝나지 않았다. 2012년, 셰프의 오랜 꿈이었던 포르투갈 오트 퀴진의 완성을 위해 레스토랑 벨칸토Belcanto를 인수한다. 벨칸토는 1년이 채 되지 않은 같은 해에 첫 번째 미슐랭 스타를 얻었고, 그다음 해엔 리스본 최초 미슐랭 2스타 레스토랑이 되었다. 세기의 마스터 셰프 페란 아드리아Ferran Adrià, 알랭 뒤카스Alain Ducasse, 에릭 프레숑Éric Fréchon에게 일찍이 재능을 인정받은 조세 아빌레즈는 현재 스승과 어깨를 나란히 견줄 만큼 놀랍게 성장한 포르투갈의 국민 셰프다.

BELCANTO
José Avillez

10

PARA SER
GRANDE
SÊ INTEIRO

조세 아빌레즈의 레스토랑 벨칸토는 국립 오페라 극장과 포르투갈을 대표하는 문학가 페르난도 페소아Fernando Pessoa의 생가가 만나는 리스본 중심에 위치해 있다. 레스토랑 내부는 운치 있는 서재와 클래식한 다이닝 홀로 꾸며졌다. 분주하게 오가며 점심시간을 준비하는 스태프들 사이로 셰프 조세 아빌레즈가 나타났다. 악수를 청하는 나에게 그는 먼저 손을 보고 놀라지 말라는 주의를 주었다. 천사의 미소를 띠는 그는 괴물의 손을 가졌다. 왼손은 울긋불긋한 화상 흉터로 가득했다. 문득 그의 화상이 결코 우연이 아닐 것이라는 생각이 들어 조심스레 흉터에 대해 물으며 말문을 꺼냈다.

손에 화상이 꽤 깊어 보이는데….

(소매를 걷어 팔 전체 흉터를 보여준다.) 사람들이 제 흉터를 보고 많이 놀라요. 좀 심해 보이죠. 본의 아니게 사람들에게 강한 첫인상을 주는 것 같아요. 셰프로 일하면서 물불 안 가리고 겁 없이 요리했어요. 무모한 실험을 많이 했죠. 그러다보니 이렇게 되어 있더라고요. 흉터를 보며 속상한 적도 많아요. 그래도 이 흉터 없인 아마 지금의 저도 없었을 거예요. 제 노력에 대한 값진 훈장이라고 생각해요.

셰프가 천직이라고 생각하나?

대학 땐 광고를 전공했어요. 물론 어려서부터 요리사가 되고 싶었다면 요리 학교에 진학했을 거예요. 아버지가 일찍 돌아가셔서 가족 모두가 각자 가장의 몫을 나눠 책임져야만 했죠. 어머니를 돕고 싶어 시작한 요리가 제 몸에 익숙해지더라고요. 그때 요리는 지금처럼 창조나 즐거움이 목적이 아닌, 먹고살기 위한 생존의 수단이었어요. 언젠가 너무 배가 고파 커다란 밀가루 한 봉지를 사와 그걸 계량도 안 하고 토르테를 만들어서 배를 채우기도 하고, 이웃에게 2유로에 판 적도 있어요. 뜻밖에 주문이 계속 들어와 식구들이 다들 놀랐죠. 아마 그때 '나도 맛있는 요리를 만들 수 있구나!'란 용기가 생긴 것 같아요.

뒤늦게 시작한 요리가 쉽지 않았을 것 같다.

요리는 정말 재밌었어요. 근데 할수록 점점 어렵더라고요. 꼭 새로운 언어를 배우는 것처럼요. 몇몇 유명 셰프들 아래서 여러 번 단기 훈련을 받기도 했는데, 워낙 요리에 대한 배경지식이 없어서 밑 빠진 독에 둘 붓는 격이었어요. 어떻게 그 틈을 채워볼까 고민을 하다가 요리 서적을 파기 시작했어요. 세상의 모든 요리책은 제 부족한 틈새를 매워주는 해답이었어요. 책은 새로운 요리 세상의 문을 열어줍니다. 책 한 권을 완독하는 것은 귀한 스승을 만나는 것처럼 소중해요. 지금까지 천여 권에 달하는 책을 읽어 천 명의 요리 선생님을 만났죠. 제 요리책 <Um Chef em Sua Casa>가 베스트셀러가 될 수 있었던 것도 든든한 책 스승을 두었기 때문이 아닐까 싶어요.

책 이외에 가장 기억에 남는 스승은 누구인가?

페란 아드리아는 제 요리 인생에서 가장 많은 추억을 나눈 스승이에요. 그는 예술가이자 철학자, 과학자, 발명가, 무대 감독이죠. 페란 아드리아는 자신만의 상상력을 독특한 방식으로 요리에 적용합니다. 자신의 요리를 통해 끊임없는 사람들의 상상 그 이상을 만족시키죠. 제게 가장 필요했던 가르침이었어요. 당신의 지식을 서슴없이 공유하는 셰프의 넉넉하고 따뜻한 마음을 존경합니다.

정부로부터 공로를 인정받을 만큼 자국의 식문화에 자부심이 남다르다.

저는 여행을 좋아해요. 여행을 통해 더 많은 세상을 볼수록 포르투갈에 더 큰 감동을 받게 돼요. 포르투갈은 작은 나라예요. 하지만 풍부한 식문화를 가지고 있죠. 기본적으로 건강한 지중해 식단이 있고, 신대륙의 항해자로서 아프리카와 아시아의 다양한 퓨전 문화도 찾아볼 수 있습니다. 지리적으로는 다양한 지질과 기후 조건을 가지고 있어 한 시간 내 도착하는 지역마다 독특한 재료와 레시피를 발견할 수 있는 정말 재미있는 곳이에요. 천혜의 자연 환경을 가진 커다란 맛의 신대륙이죠. 한국 셰프들에게 포르투갈 미식 여행을 권하고 싶어요.

조세 아빌레즈의 키친 스타일은 무엇인가?

레스토랑 벨칸토는 미래를 향한 포르투갈 오트 퀴진을 콘셉트로 잡고 있어요. 개인적으로 대중적인 스타일의 요리에도 관심이 많아 서로 다른 성격의 레스토랑을 리스본에 오픈했어요. 같은 메뉴에 늘 행복해하는 사람은 별로 없을 거예요. 다이너의 취향에 따라 그들의 요구에 부응할 수 있는 것도 중요합니다.

스토리텔링이 담긴 메뉴로 유명하다.

모든 요리엔 정체성이 담겨 있어요. 작가가 작품을 통해 자신을 표현하듯이 저 역시 요리를 통해 제 이야기를 전합니다. 사람들이 제 요리를 통해 추억을 회상하고 새로운 꿈을 꾸었으면 좋겠어요. 포르투갈이 가진 향기나 색, 질감, 맛을 제 유년 시절의 기억이나 꿈 혹은 환상이 담긴 요리를 통해 세상에 알리고 소통하고 싶어요.

요리를 통해 새로운 이야기를 창조하고 있다.

늘 새로운 것을 창조한다는 것은 참 어려운 일이에요. 새로운 메뉴를 개발할 땐 혼자만의 시간을 갖는 편입니다. 다양한 책에서 얻은 아이디어를 반복해서 읽고, 개인적인 경험을 떠올리며 콘텐츠를 찾죠. 작가 페르난도 페소아의 작품에서 영감을 받아요. 그의 시집을 읽으면 정체되던 생각이 자유롭게 날개를 다는 것만 같아요. 가끔은 잭슨 폴락Jackson Pollock의 추상화 같은 현대 미술을 보면서 플레이트 구성에 대한 아이디어를 얻기도 합니다. 욕심이 많은 편이라 콘텐츠에 어울릴 그릇의 재질이나 모양까지 직접 디자인하기도 해요. 다이너에게 기승전결이 분명하고 생동감 있는 이야기를 전달하는 데 놓칠 수 없는 디테일이라고 생각합니다.

앞으로 새롭게 시도해보고 싶은 요리가 있다면?

지금까지 개발한 메뉴는 주로 시나 동화 같은 문학 작품에서 시작되었어요. 요즘은 음악에 부쩍 관심이 많아졌고요. 사람들이 제 요리를 통해 포르투갈 전통음악 파두Fado나 클래식, 대중적인 음악 등을 상상할 수 있는 메뉴를 시도해보면 어떨까 싶어요. 레스토랑 팀과 다양한 프로젝트를 구상하고 있는데 주제는 새로워도 그 중심엔 늘 저의 과거 혹은 현재 이야기가 있어요. 아마도 앞으로 선보일 새로운 메뉴는 제 고찰이 담긴 오페라 '조세 아빌레즈'가 되지 않을까 싶네요.

José Avillez
www.joseavillez.pt
BELCANTO
José Avillez

진정한 셰프는 화려한 언변이 아닌 소신 있는 요리로 자신을 어필하는 법이다. 셰프의 호소력 깊은 요리는 다이너의 마음을 움직인다. 자신이 상상하는 모든 것을 요리로 담아내기 위해 지금 이 순간도 꿈꾸기를 멈추지 않는 셰프 조세 아빌레즈. 그가 들려주는 플레이트 속 이야기는 마치 〈천일야화〉의 세헤라자드 이야기처럼 쉽게 잊혀지지 않았다. 인터뷰를 마치고나니 벌써 그의 다음 이야기가 궁금해졌다.

벨칸토의 페레로 로쉐

Belcanto's Ferrero Rocher

헤이즐넛크림 대신 푸아그라와 식용 금박으로 만든 벨칸토의 럭셔리 페레로 로쉐는 아뮤즈 부쉬amuse-bouche로 서빙된다. 바삭한 초콜릿 레이어 속의 깊고 진한 풍미의 푸아그라가 다음 코스를 더 기대하게 만든다.

파도가 부서진다

Wave Breaking

홍합, 새우, 새조개, 삿갓조개대와 홍합 육수의 강한 바다 향이 오롯이 느껴지는 해산물 컬렉션. 셰프 조세 아빌레즈가 느낀 리스본의 파도가 고스란히 담긴 앙트레 메뉴다. 커다란 파도를 상징하는 그릇에 담긴 아기자기한 해산물과 해초 사이에 곁들여진 코코넛 밀크와 사과주스는 홍합으로 우려낸 바닷물과 함께 오감을 자극한다.

고등어 에스카베슈

'Escabeche' Mackerel

포르투갈 사람들이 즐겨 먹는 에스카베슈는 '데친 생선이나 튀긴 육류를 초절임한 요리'를 일컫는다. 강렬한 추상화를 닮은 플레이트는 극적인 색감 대비와 조형미가 있다. 절인 고등어는 사과, 비트, 마늘, 양파와 식초로 만든 퓌레와 함께 서빙되는데, 셰프의 에스카베슈는 덴푸라 드롭을 가미해 바삭하고 가벼운 식감을 더했다. 상큼한 퓌레는 고등어의 비린내를 잡아주고 풍미를 높여준다. 아삭한 양파의 질감이 고등어의 쫀득한 육질과 함께 씹는 재미가 있다. 화이트 와인 Quinta Do Monte d'Oiro Madrigal Viognier 2011을 곁들이면 진정한 마리아주를 경험할 수 있다.

황금 알을 낳은 닭

Hen that Laid the Golden Eggs Garden

수란의 화려한 변신이 인상적인 요리. 동화책 〈황금 알을 낳는 거위〉에서 영감을 얻은 이 요리는 꿈과 환상의 세계를 이야기하는 조세 아빌레즈의 철학을 잘 보여준다. 셰프는 어린 시절 닭을 키웠는데, 닭이 아침에 황금 알을 낳는 꿈을 꿨다고 한다. 그는 황금 알의 맛을 현실로 이끌어내기 위해 메뉴 개발에 많은 시간을 투자했다. 63.5℃에서 45분간 조리한 유기농 달걀과 상조르제São Jorge섬 치즈로 만든 크림, 여러 가지 버섯으로 만든 스톡, 송로버섯에서 추출한 주스, 갑오징어 먹물로 물들여 튀긴 빵가루, 닭날개로 조리한 소스와 파 샐러드 등. 듣기만 해도 복잡한 이 모든 조리 과정의 하나하나는 요리 전체의 맛을 좌우할 만큼 중요하다. 절묘하게 조리된 달걀노른자 사이로 바삭하게 부서지는 빵가루와 톡톡 터지는 알싸한 샐러드의 질감이 독창적이다. 이 요리는 앙트레이지만 종종 메인이나 디저트로 따로 주문될 만큼, 코스의 경계를 초월할 만큼 인기가 많다.

깊은 바닷속

Dip in the Sea

조세 아빌레즈가 상상하는 깊은 바닷속엔 커다란 농어가 살고 있다. 57℃에서 20분간 수비드로 조리한 농어의 풍미는 홍합으로 우려낸 바닷물소스를 만나 더 깊고 오묘해졌다. 30초 이내의 짧은 조리 시간으로 완벽한 질감을 자랑하는 맛조개, 새조개, 홍합 그리고 씹을수록 고소한 해초류가 이 요리의 숨겨진 신의 한 수다.

BELCANTO
Michelin**
www.belcanto.pt
Largo de São Carlos, 10, 1200-410 Lisboa, Portugal
+351 213 420 607
lunch Tue-Sat 12:30-3:00p.m.
dinner Tue-Sat 7:30-11:00p.m.

계절을 요리하는 장인
브누아 비올리에

Benoît Violier

1971년 프랑스 샤랑트 마리팀 출신
1987년 프랑스 레스토랑 LA GOURMANDIÈRE PÉRIGNAC COGNAC) C.A.P 수료
2C16년 사망

오텔 드 빌 드 크리시에l'Hôtel de Ville de Crissier는 4대에 걸쳐 모든 셰프가 미슐랭 3스타를 획득한 스위스의 유명 레스토랑이다. 1대 셰프인 프레디 지하흐데Frédy Girardet가 1971년 오텔 드 빌 드 크리시에를 오픈했다. 셰프였던 아버지의 뒤를 이은 프레디는 오텔 드 빌 드 크리시에를 통해 자신만의 누벨 퀴진을 선보이며 세계 최고의 레스토랑, 세계 최고의 셰프로 주목받았다. 그는 밀가루를 이용해 소스를 걸쭉하게 만드는 대신, 졸인 고기 육수를 사용하는 혁신적인 소스 조리 방법으로 모던 퀴진의 표준을 제안했다. 분자요리가 유행일 때 자연의 이치에 어긋나는 분자요리의 재료 사용을 반대하고, 재료가 요리의 기본이 되어야 한다는 철학을 굳건히 지켰다. 이후 최고의 전성기를 구가할 때 아름답게 은퇴하며 양성한 후배 셰프에게 레스토랑을 물려주어 건강한 스위스 퀴진의 역사를 보여주었다.

유행을 따르지 않고 자신의 소신을 지키는 프레디 지하흐데의 뒤를 이은 2대 셰프는 필립 호샤Philippe

*Rochat*다. 필립 호샤는 1980년부터 선배이자 스승인 프레디 지하흐데 아래서 일하면서 셰프의 자질, 레스토랑 운영 그리고 인생에 대해 배웠고 이를 그대로 자신의 제자인 3대 셰프 브누아 비올리에에게 전수한다. 2012년부터 레스토랑을 맡은 셰프 브누아와 그의 부인 브리짓 비올리에*Brigitte Violier*는 선배 셰프들과 끈끈한 유대 관계를 유지하며 레스토랑의 전통을 이어갔다. 비올리에 가족의 섬세함과 체계적인 운영 아래 오텔 드 빌 드 크리시에는 2015년 12월 라 리스트*La Liste* 선정 '세계 1위 레스토랑'이라는 놀라운 업적을 달성한다.

하지만 2016년 셰프 브누아 비올리에는 많은 의문을 남긴 채 갑작스럽게 세상을 떠났다. 현재 오텔 드 빌 드 크리시에의 운영은 변함없이 브리짓 비올리어가 맡고 있으며, 브누아의 20년지기 동료이자 친구인 프랑크 지오반니니*Franck Giovannini*가 4대 셰프로서 레스토랑의 역사와 명성을 지켜가고 있다.

아름다운 자연경관으로 전 세계인의 휴양지로 사랑받는 스위스에는 최고급 리조트와 레스토랑이 많다. 특히 올림픽의 도시 로잔에서 차로 30분가량 떨어진 작은 마을 크리시에Crissier는 세계 미식가들의 발길이 끊이지 않는 미식의 성지다. 레스토랑 오텔 드 빌 드 크리시에에는 스위스 셰프의 피라미드라 불리는 프레디 지하흐데와 필립 호샤, 브누아 비올리에가 그 중심에 있다.

2012년부터 새롭게 오텔 드 빌 드 크리시에의 계보를 잇고 있는 3대 오너 셰프 브누아를 만나러 레스토랑을 찾았다. 인적이 드문 조용한 마을 크리시에의 중심에 오텔 드 빌 드 크리시에가 위치해 있다. 레스토랑에 들어서니 동네 분위기와는 대조적이다. 생동감과 우아함이 넘친다. 키친에서 오더를 내리는 셰프 브누아 비올리에의 힘찬 목소리가 들린다. 빈틈없이 체계가 잘 잡힌 키친은 점심 준비가 한창이다. 마치 완벽하게 짜인 군무처럼 셰프가 오더를 마치자 스태프들은 각자 맡은 자리에서 일사분란하게 움직인다.

새로운 레스토랑의 수장이 된 것을 축하한다.

감사합니다. 오텔 드 빌 드 크리시에는 저와 제 가족들의 오랜 꿈이었어요. 요즘 꿈이 이루어지는 감격 속에서 살고 있습니다. 제가 레스토랑을 맡으면서 인테리어를 개조하고 메뉴를 바꾸면서 크고 작은 변화가 많았어요. 이제 좀 자리가 잡힌 느낌이에요. 저를 믿고 도와주는 가족과 스태프 없인 지금처럼 레스토랑이 안정적으로 운영되기 힘들었을 거예요.

벽에 걸린 상패들이 인상적이다. 상 욕심이 많은 편인지.

상에 대한 욕심보다는 도전 정신이 강한 것 같아요. 셰프로서 내 장점이나 단점은 무엇인지, 더 발전하기 위해 어떤 노력이 필요한지 콘테스트 결과를 통해 객관적으로 판단받고 점검할 수 있어서 도움이 많이 되었던 것 같아요. 또 전 세계 다양한 셰프들을 만나 교류할 수 있는 좋은 기회이기도 했고요.

끊임없는 도전 정신 때문인가. 2000년에 MOF(Meilleur Ouvrier de France)를 받았다.

계속 도전하지 않는 장인은 없다고 생각해요. 도전이 장인을 만든다고 생각합니다. 프랑스 정부가 수여하는 MOF는 각 직업군의 최고 장인에게만 주는 특별한 상이죠. 그동안 워커홀릭, 완벽주의라는 말을 들을 정도로 고집스럽게 일한 노력이 보상받은 것 같아 뿌듯합니다.

어려서부터 타고난 셰프였나.

타고난 셰프가 있을까요? 제가 셰프가 된 건 특별한 영재 교육이 아닌 생활 교육에서 비롯된 것 같아요. 제게 최고의 요리는 어머니의 소박한 프랑스식 닭요리예요. 어머닌 전문 셰프는 아니셨죠. 하지만 제겐 진정한 코르동 블뢰(Cordons Bleus: 마스터 셰프)셨죠. 어머니가 해주신 맛있는 요리는 학교에서도 배울 수 없던 특별한 미각 교육이었어요. 또 포도밭 농장주이자 사냥꾼이던 아버지 역시 요리에 대한 많은 이야기를 해주셨어요. 아버지께서 자주 들려주신 와인과 코냑, 사냥 이야기는 그 어떤 책보다 더 흥미진진했죠.

프랑스 출신 셰프로서 스위스에 정착한 이유가 궁금하다.

프레디 지하흐데가 함께 일하자는 제안을 어떤 셰프가 거절하겠어요? 대선배 프레디에게 레스토랑을 이어받은 2대 셰프 필립 호샤 역시 제가 당신의 뒤를 이어 레스토랑을 지켜주기 바라셨죠. 스위스를 대표하는 두 셰프 모두 제게 요리뿐만이 아니라 인생을 가르쳐준 스승이자 은인입니다. 스승의 뒤를 따라 오텔 드 빌 드 크리시에의 전통을 잘 이어가는 것이 그 가르침에 조금이나마 보답할 수 있는 길이라고 생각합니다.

스위스 퀴진의 템플 3대 셰프로서 계보를 이으면서 배운 점은 무엇인가.

무엇보다 정직함이 그 첫째였어요. 누군가를 위해 요리한다는 것은 경건한 행위라고 배웠습니다. 음식은 사람의 육체와 정신을 채워주죠. 올바른 마음으로 식재료를 고르고, 정직함으로 요리하는 것이 레스토랑 대대로 내려오는 경영 철학입니다. 제가 레스토랑 운영을 시작하면서 달라진 건 인테리어와 제철 메뉴밖에 없어요. 저희 팀 모두 오텔 드 빌 드 크리시에의 전통과 경영 철학을 믿고 지키려고 노력합니다. 지금도 선배들이 레스토랑에 자주 들러 의견을 나누는데, 심적으로 얼마나 든든한지 몰라요.

셰프 브누아 비올리에의 키친을 정의한다면.

저는 행복한 음식을 만드는 셰프입니다. 셰프 브누아의 행복한 음식이란 좋은 계절 재료가 중심이 되어 세련된 방식으로 창조되는 요리를 말합니다. 저희 레스토랑은 신선한 식재료를 가능한 한 가장 가까운 곳에서 찾으려고 노력해요. 많이 사용하는 채소는 레스토랑 텃밭에서 직접 재배하고요. 와인 역시 인근 마을 루트리Lutry의 와이너리 도맹 드 달리Domaine du Daley에서 가져옵니다. 소규모 지역 생산자들과의 협업은 레스토랑 전통의 중요한 원칙이기도 합니다.

셰프로서 멘토는 누구인가.

프레디 지하흐데와 필립 호샤를 비롯해 즈엘 로부숑Joël Robuchon, 프레데릭 안톤 Frederic Anton, 베누아 귀샤르Benoît Guichard, 브루노 그리쿠르Bruno Gricourt, 피에르 에르메Pierre Hermé 모두 제게 소중한 멘토예요. 요즘 영감을 주는 멘토는 동양미를 겸비한 놀라운 테크닉의 테츠야 와쿠다Tetsuya Wakuda와 퓨전 요소를 완벽하게 모던 프랑스 요리에 접목시킨 파스칼 바흐보Pascal Barbot가 있어요. 모두 참신하고 창 의적인 요리 세계를 가진 셰프라고 생각해요.

성공한 셰프가 되기까지 특별한 비밀이 있는가.

세상에 비밀은 없는 것 같아요. 우리 모두 다 아는 사실을 실천에 옮기는 사람이 무 엇을 하든 성공하는 것 같습니다. 저는 워커홀릭이자 엄격한 완벽주의자예요. 철저 한 자기 훈련은 꿈을 현실로 만드는 열쇠입니다. 힘든 난관에 부딪히더라도 자신을 통제할 수 있는 사람은 문제를 포기하지 않고 쉽게 해결할 수 있다고 믿어요. 사람들 은 꿈을 이룬 사람을 성공했다고 말하죠. 저는 오텔 드 빌 드 크리시에의 3대 오너 셰 프가 되면서 꿈을 이루었어요. 하지만 제 꿈은 여기가 끝이 아니에요. 제 스승들처럼 레스토랑 오텔 드 빌 드 크리시에의 문화와 전통을 계승하고 싶습니다.

* 본 인터뷰는 2013년 셰프 故 브누아 비올리에의 생전에 진행되었습니다.

건강한 식재료를 통해 계절의 변화를 자신의 요리에 온전히 표현하고자 하는 셰프 브누아의 철학은 지금도 4대 셰프 프랑크 지오반니니Franck Giovannini를 통해 계속 이어지고 있다. 셰프로서 최고의 위치에 선 이후에도 조금의 흐트러짐 없이 자기 자신을 완벽히 제어하고자 노력했던 브누아 비올리에가 생각난다. 레스토랑의 전통을 지키려는 그의 신념은 굳건했다. 오텔 드 빌 드 크리시에의 요리가 사람들에게 영원하길 바랐던 셰프의 소망처럼 브누아 비올리에가 앞으로도 세계 요리 역사에 최고의 셰프로 기억되길 염원한다.

검은 송로버섯을 곁들인 콩 수프

Young 'Merveille de Kelvedon' Peas 'en Fine Royale' with Black Truffles

고대 로마인들이 즐겨 먹었을 만큼 유럽에서 오래된 역사를 자랑하는 콩 수프는 조리 과정이 간소한 반면 맛이 좋아 지금까지 많은 사람들의 사랑을 받는 변함없는 메뉴다. 이 메뉴는 셰프가 주로 봄과 겨울철에 준비하는 앙트레다. 셰프는 검은 송로버섯과 닭 육수를 조합해 소박한 콩 수프에 깊은 풍미를 더했다. 가니시로 곁들여진 샐러리와 콩 새싹은 담백한 수프의 맛에 신선함을 더한다.

푸아그라와 멀틀

Duck Foie Gras with Myrtles

자칫 느끼할 수 있는 푸아그라에 새콤한 맛을 내는 허브 멀틀의 리큐어를 곁들여 맛의 리듬감을 살렸다. 오븐에서 갓 구워 나온 퍼프 페이스트리를 씹을 때마다 퍼지는 향긋한 버터 향은 상큼한 푸아그라와 절묘한 조화를 이룬다.

핑크 자몽 젤리와 가히게트 딸기

Delicate Pink Grapefruit Jelly with Guariguette Strawberries

산뜻한 파스텔 핑크 톤의 여성스러운 맛이 강한 디저트다. 유럽에서 18세기 초부터 재배되기 시작한 가히게트 딸기는 봄의 시작을 알리는 달콤한 맛으로 '천사의 키스'라고도 불린다. 딸기와 완벽한 조화를 자랑하는 부드럽고 달달한 크림, 입안에서 통통 튀는 자몽 젤리는 상큼한 봄을 닮았다.

L'HÔTEL DE VILLE DE CRISSIER
Michelin ***
www.restaurantcrissier.com
+41 21 634 05 05
Rue d'Yverdon 1, 1023 Crissier, Switzerland
Tue-Sat 9:30a.m.-11:30p.m.

살아 있는 전설
폴 보퀴즈

Paul Bocuse

1926년 프랑스 콜롱 오몽 도르 출신
1961년 프랑스 국가 장인 Meilleur Ouvrier de France 수상
2018년 사망

PAUL BOCUSE
PAUL BOCUSE

프랑스 미식의 수도 리옹. 북쪽으로는 보졸레Beaujolais, 남쪽으로는 꼬뜨 드 론Côtes du Rhône의 와이너리가 펼쳐진 와인의 고장이자, 키친의 교황이라고 불리는 폴 보퀴즈의 바티칸이다. 리옹에 와서 무엇보다 놀란 것은 셰프 폴 보퀴즈의 브랜드 파워다. 1987년부터 시작된 국제 요리 대회 '보퀴즈 도르Bocuse d'Or'가 매년 1월 리옹에서 개최되는 것은 물론이고 도시 전체가 폴 보퀴즈 레스토랑, 폴 보퀴즈 학교, 폴 보퀴즈 쇼핑센터 등 셰프의 이름이 들어가지 않은 곳을 찾아보기 힘들 정도다. 미식 도시 리옹의 성장과 폴 보퀴즈의 성공은 불가분적인 듯하다.

리옹 시내에서 5km 정도 떨어진 손Saône강가에 위치한 폴 보퀴즈의 레스토랑 오베르즈 뒤 퐁 드 콜로뉴Auberge du Pont de Collonges. 1965년부터 지금까지 미슐랭 3스타를 지킨 살아 있는 전설, 셰프 폴 보퀴즈를 만날 수 있는 곳이다. 레스토랑의 긴 역사를 자랑하는 으래된 사진과 식기, 가구들이 마치 폴 보퀴즈 박물관에 들어선 듯하다. 셰프복을 깔끔히 차려입은 폴 보퀴즈가 천천히 걸어와 프랑스식 인사를 한다. 셰프의 건강 상태가 양호하지 못하다는 소식 때문에 걱정이 많았는데 밝게 웃는 그를 보니 한결 마음이 놓였다.

ORGUE LIMONAIRE Frès
PARIS GAUDIN & Cie PARIS
BOCUSE ACCORDÉON JAZZ
PAUL BOCUSE

셰프는 숙명인가.

가풍에 따라 자연스럽게 요리를 시작했어요. 한 가정에 요리사가 있다면, 다른 가족 구성원도 그 길을 함께 걷는 동반자가 되는 것 같아요. 레스토랑 경영은 저 혼자서 할 수 있는 일이 아니에요. 집안 모든 식구들이 제각기 도울 수 있는 부분에서 최선을 다해주어야 가능하지요. 지금 우리 레스토랑도 가족들이 많이 도와주고 있어요. 제 아들 제롬 보퀴즈Jérôme Bocuse도 셰프입니다. 숙명을 인생의 자연스러운 흐름이라고 말한다면, 셰프가 저의 숙명이었다고 할 수 있어요.

위대한 스승 아래에서 도제 교육을 받았다는데.

1958년 제 생가에 레스토랑을 오픈하기 전까지 클로드 마레Claude Maret, 유제니 브라지에Eugénie Brazier, 페르낭 푸앙Fernand Point과 함께 일하면서 많이 배웠어요. 특히 파리 레스토랑 라 피라미드La Pyramide의 셰프 페르낭 푸앙은 제게 요리 철학을 가르쳐준 멘토죠. 먼저 너그러운 사람이 되어 넉넉하게 베푸는 요리사가 될 것, 건강한 재료로 요리의 질을 향상시킬 것, 화려한 기교를 부리기보다는 가장 심플하게 요리할 것, 마지막으로 이 가르침을 후배들에게 널리 전할 것. 페르낭 푸앙이 자신의 삶을 통해 보여준 가르침을 지금도 생생하게 기억해요.

평소 즐기는 요리 스타일은.

간단한 음식을 좋아합니다. 어떤 메뉴든 식탁 한가운데 풍성히 놓고 각자 먹고 싶은 만큼 양껏 먹을 수 있는 맛있는 요리가 좋아요. 제 멘토 페르낭 푸앙이 가르쳐준 요리처럼요.

만약 무인도에 간다면 어떤 식재료를 가져갈 것인가.

리옹의 요리에서 빠져서는 안 되는 세 가지 전통 식재료가 있어요. 버터, 크림, 와인이죠. 특히 버터의 역할은 무한해요. 마치 가법과 같은 식재료라고나 할까요? 무인도에 가게 된다면 버터, 치즈, 우유를 동시에 얻을 수 있는 염소를 가져갈 거예요. 이세 가지 재료로 할 수 있는 요리가 무궁무진하기에 무인도에서도 다양한 요리를 시도하느라 즐겁게 보낼 수 있을 것 같네요.

영감은 주로 어디서 얻는가.

리오네즈 퀴진Lyonnaise Cuisine의 기본은 기 지역어 서 나고 자란 식재료를 통해 리옹만의 독특한 개성을 담은 요리를 만드는 거예요. 리옹 밖 어디에서나 먹을 수 있는 음식은 리오네즈 퀴진이 아니죠. 닭, 사냥 고기, 민물고기, 와인, 계절 채소 등 품질이 우수한 리옹 지역 특산물은 제 요리의 영원한 영감이자 레퍼토리입니다.

분자요리 같은 모던 퀴진에 대해 어떻게 성각하는가.

분자요리는 해본 적이 없어요. 솔직히 요리의 장르는 중요하지 않은 것 같습니다. 어떤 종류의 요리를 선보이든지 그 레스토랑에 손님들의 발길이 끊이지 않는다면 그것이 최고의 퀴진이 아닐까요? 다만 모던 퀴진은 메뉴의 성격이나 모양새에서 나오는 것이 아니라 셰프의 철학과 역사에서 ㅂ 롯된 것ㄷ 기 때문에, 모던 퀴진이라고 해서 외형에만 치중하려는 요리는 잘못된 발상인 것 같아요.

당신이 꼽는 최고의 성과는 무엇인가.

셰프 '폴 보퀴즈'를 전 세계에 알린 특별한 메뉴입니다. 한 셰프에게 자신이 개발한 메뉴가 오랫동안 전 세계인의 사랑을 받는 것만큼 더 큰 영예는 없죠. 1975년 프랑스 대통령에게 레종 도뇌르Légion d'Honneur 훈장을 받던 날 만찬에 선보인 '검은 송로버섯 수프'가 가장 기억에 남아요. 지금도 이 메뉴를 맛보기 위해 많은 고객들이 저 멀리 다른 대륙에서 저희 레스토랑을 찾습니다. (인터뷰 당시에도 60여 명의 미국인 단체가 이 메뉴를 위해 폴 보퀴즈의 레스토랑을 방문했다.)

가장 기억에 남는 수상 기록이 궁금하다.

열심히 요리를 하다보니 어느 순간 상이 하나둘씩 늘었어요. 지금 제가 나이가 많아서 다른 셰프에 비해 상이 많을 거예요. 특별히 기억 남는 상은 '1993년 프랑스 국가 공로상'과 2011년 CIA에서 받은 '세기의 셰프 상'입니다.

폴 보퀴즈만의 키친 콘셉트는 무엇인가.

사람들이 저를 누벨 퀴진의 선두주자라고 이야기하지만 사실 저는 전통주의자예요. 저는 양이 적고 외형만 중시하는 누벨 퀴진에 반대합니다. 와인, 버터, 크림, 너그러움이 바로 프랑스 요리의 특징이고 제가 배운 요리 철학이죠. 사람은 음식을 먹고 배가 불러야 하며 기력이 충만해져야 합니다. 레스토랑을 찾은 모든 손님들에게 품위 있으면서 풍족한 요리를 대접하는 것이 저의 콘셉트입니다.

앞으로 진화될 요리를 어떻게 예견하는가.

당장 내일의 일도 모르기 때문에 앞으로의 요리를 예측하긴 힘들어요. 이 질문의 대답은 20년 후에 할게요. 그만큼 요리는 한 치 앞을 예견하기 어렵습니다.

폴 보퀴즈처럼 되고 싶은 젊은 셰프들에게 해주고 싶은 말은.

셰프가 되기 위해서 요리를 시작한 당신은 행운아예요. 모든 일이 그렇겠지만 특히 셰프는 자신의 일을 사랑하고 즐겨야 해요. 그렇지 않으면 이 길은 매우 험난하고 고되어 버티기가 힘들죠. 첫째로 자신에게 주어진 일을 열심히 하세요. 둘째, 요리를 시작하자마자 바로 셰프가 될 것이라고 생각하지 마세요. 셋째, 오랜 기간 훈련하고 다양한 경력을 쌓으세요. 넷째, 자신만의 장르를 찾으세요.

한 인간으로서 이루고 싶은 꿈이 있다면.

조화로운 제 삶이 건강하게 지속되었으면 좋겠어요.

*본 인터뷰는 2013년 셰프 故 폴 보퀴즈 생전에 진행되었습니다.

폴 보퀴즈의 전통적이고도 현대적인 프랑스식 식사 서빙법엔 너그러움이라는 셰프의 인생 철학이 고스란히 담겨 있었다. 레스토랑을 찾은 모든 이에게 넉넉히 베풀고 싶어 하는 폴 보퀴즈식 파인 다이닝은 그가 지키고 싶은 전통이었다. 흔히 매스컴에서 당당하게 팔짱을 끼고 서 있는 셰프의 포즈를 찾아볼 수 있다. 이는 셰프 폴 보퀴즈에게서 유래했고 지금까지 그 포즈가 많은 후배 요리사들을 통해 카피되고 있다는 후문이 있다. 프로필 촬영을 부탁하자 셰프의 시그니처 포즈가 자연스럽게 나왔다.

아흔을 바라보는 폴 보퀴즈는 흔들림이 없었다. "인생은 아름답습니다. 고맙습니다.La vie est belle, Merci."란 따뜻한 작별 인사를 건네고 레스토랑으로 돌아가는 셰프의 뒷모습을 한동안 아무 말 없이 바라보았다. 살아 있는 전설 폴 보퀴즈. '셰프였기에 행운아였고 행복하다'는 폴 보퀴즈의 아름다운 인생이 앞으로도 오랫동안 많은 사람들에게 귀감이 되길 소망한다.

PAUL BOCUSE

검은 송로버섯 수프 V.G.E

Soupe aux Rruffes Nnoires V.G.E

검은 송로버섯 수프는 1975년 폴 보퀴즈의 레종 도뇌르 Légion d'honneur 훈장 축하 만찬에서 처음 선보인 요리다. 1974~1975년 프랑스에서는 송로버섯이 풍년을 이뤘는데 셰프는 평소 친하게 지내던 송로버섯 상인에게 저녁 식사 초대를 받게 된다. 상인은 신선한 송로버섯을 잘라 넣은 수프를 셰프에게 대접했고, 그 독특한 맛에 영감을 받은 셰프는 검은 송로버섯 수드 레시피를 개발했다. 수프 볼 위에 얹혀진 얇고 바삭한 파이를 조금 떼어내자 진한 송로버섯의 향기가 꽃봉오리처럼 피어난다. 푸아그라, 검은 송로버섯과 갖은 채소가 뭉근하게 끓여진 맑은 수프의 맛은 깊다.

구제르와 크림 콩 수프

Gougère et Crème de Petits Pois

구제르Gougère는 그뤼에르Gruyère 치즈가 들어간 슈 페이스트리다. 로스트 비프나 양고기 다리 같은 붉은 고기와 그 맛과 향이 잘 어울려 메인 메뉴와 자주 곁들여지기도 한다. 셰프는 완두콩을 갈아 만든 차가운 크림 콩 수프에 치즈 향이 강한 구제르를 곁들였다. 고소한 수프에 슈 페이스트리를 찍어 먹으면 담백한 맛이 일품이다.

프리카세 방식으로 조리된
브레스 닭과 크림, 모렐버섯

Fricassée de Volaille de Bresse à la Crème et aux Morilles

프리카세는 고기 조리법의 일종으로 고기를 잘라 기름에 넣고 살짝 볶아 졸이거나 찐 후 화이트소스와 함께 서빙하는 것을 말한다. 프리카세 방식으로 조리된 브레스Bresse 닭은 쫄깃하고 모렐버섯의 풍부한 향은 진한 크림소스를 만나 더 깊어졌다. 사이드로 서빙되는 데친 시금치와 짭짤한 밥은 크림소스를 부담 없이 즐기게 도와주는 감초 역할을 한다.

Auberge du pont de Collonges
Michelin ***
www.bocuse.fr/presentation-paul-bocuse-restaurant.html
+33 04 72 42 90 90
40 Quai de la Plage
69660 Collonges au Mont d'Or, France
lunch 12:00-13:30p.m.
dinner 20:00-21:30p.m.

새로운 스코틀랜드의 맛을
연구하는 혁신적인 셰프
마틴 위샤트

Martin Wishart

1969년 스코틀랜드 에든버러 출신
1995년 스코틀랜드 Youth Training Scheme 수료

스코틀랜드 에든버러 포스Forth만의 아름다운 항구 리스Leith에 고즈넉이 자리 잡은 레스토랑 마틴 위샤트Martin Wishart는 2001년부터 지금까지 첫 번째 미슐랭 별을 굳건히 지키고 있다. 셰프 마틴 위샤트는 마틴 위샤트 그룹의 대표로서 두 개의 레스토랑과 브랑제리, 요리 학교를 운영하는 오너 셰프이자 기업인이다. 스코틀랜드 셰틀랜드Shetland에서 태어나 에든버러에서 성장한 그에게 고향은 기회와 꿈이 있는 땅이었다. 이곳에서 열다섯 살에 요리 직업 훈련을 수료한 마틴 위샤트는 이후 많은 유명 셰프들의 키친에서 스카우트 제의를 받았다. 호주, 미국, 모리셔스, 네덜란드 등의 다국적 키친에서 경험을 쌓은 그가 고향에 돌아와 정착한 이유는 스코틀랜드 요리를 변화시키고 싶은 순수한 열정 때문이다.

"스코틀랜드 음식 좋아하세요?" 셰프 마틴 위샤트가 물었다. 쉽게 대답이 나오지 않는다. 에든버러 맛집 가이드를 따라 전통 스코티시 요리를 몇 번 시드해봤지만 좋은 기억이 없다. 셰프는 대답을 망설이는 나를 보고 피식 웃으며 동그란 튀김을 먹어보라고 건넨다. 고소한 향에 군침이 돌았다. 겉은 바삭하고 속은 담백한 하기스(양이나 송아지의 내장을 다진 후 속을 만들어 위에 넣어 조리한 스코틀랜드 전통 음식)다. 내가 그동안 먹어본 하기스와는 다른 세련되고 진보된 맛이다. "맛이 괜찮죠?" 셰프의 목소리엔 힘이 있었다.

셰프가 되기 위해 어떤 준비를 했나.

열다섯 살 때 스코틀랜드 정부가 지원하는 YTS 직업 훈련 프로그램을 통해 요리를 배우기 시작했어요. 내 나라 요리도 잘 모르는 셰프가 되고 싶진 않았거든요. 고향에서 요리를 배운다니까 처음엔 지인들이 걱정했어요. 셰프로 성공하려면 미식 선진국인 프랑스나 이탈리아에서 공부해야 된다고요. 피자나 초콜릿 바를 기름에 튀겨 먹는 스코티시 튀김 요리 들어보셨죠? 스코틀랜드는 요리의 불모지라는 악평으로 유명하죠. 워낙 기상 변화가 심하고 땅이 척박해 농작물 재배가 쉽지 않거든요.

마틴 위샤트의 키친 스타일을 정의해달라.

모던 스코티시 키친이라고 할 수 있을 것 같아요. 스코틀랜드 지역 특산물과 클래식 프렌치 테크닉을 응용해 스코티시 전통 음식을 현대식으로 재해석하지요.

끊임없이 다른 레스토랑에서도 일하고 있는 오너 셰프다.

새로운 도전은 늘 발전을 가져다준다고 믿어요. 모든 도전이 성공적이라고 할 수 없지만, 적어도 과정 속에는 작은 배움이 있기 마련이니까요. 저희 레스토랑과 다른 환경에서 일하는 새로운 사람들을 만나 배우는 부분이 정말 많아요. 우린 모두 서로에게 스승이 될 수 있지 않나요? 레스토랑이 발전하려면 오너 셰프가 배움을 미룰 틈이 없어요. 내가 계속 바쁘게 기회를 찾아 움직이고 늘 배우려는 자세를 가지는 것이 중요합니다.

훌륭한 스승이 있다면.

루Roux 형제의 레스토랑 르 가브로슈Le Gavroch는 제 인생의 전환점이었어요. 완벽하게 준비된 키친 환경과 형제의 프로페셔널한 철학은 제 요리 세계를 승격시켰죠. 최상급 송로버섯에서부터 가장 순수한 맛의 당근까지 그 동안 경험하지 못했던 완벽한 식재료와 그에 맞는 조리법을 배울 수 있었어요. 레스토랑에서 배운 지식을 하나도 놓치지 않고 온전한 내 것으로 만들기 위해 섬세한 조리법을 수천 번씩 반복하며 훈련했습니다.

오너 셰프로서 레스토랑 경영 철학이 궁금하다.

레스토랑을 운영하면서 사람에 대해 많이 배우게 되었어요. 레스토랑의 공급과 수요의 중심엔 늘 사람이 있습니다. 첫 번째는 고객이죠. 레스토랑을 처음 찾은 고객이 열 번이고 백 번이고 다시 오게 만들어야 합니다. 진심이 담긴 요리와 서비스는 고객에게 감동을 주고 백년손님을 만듭니다. 두 번째는 팀원입니다. 모든 스태프가 안정된 일터에서 자신의 일을 즐기고, 자아 발전을 이룰 수 있어야 합니다. 그렇지 않으면 직원은 레스토랑에서 오래 버티지 못해요. 기술을 배우다가 중도에 포기하기도 하고, 이직을 하기도 합니다. 오너 셰프는 '나'가 아닌 '으리'의 개념에 집중해야 합니다. 나의 성공, 나의 레스토랑이 아닌 우리의 성장과 행복이 중요하다고 생각해요.

당신이 즐긴 최고의 만찬은.

프렌치 퀴진의 리더 중 한 명인 올리비에 룈랭제Olivier Roellinge의 레스토랑에서 감동적인 식사를 한 적이 있어요. 셰프 올리비에의 요리를 통해 전해지는 전율을 지금도 잊지 못합니다. 세상의 어떤 말로도 형용할 수 없는 아주 특별한 시간이었어요. 지금도 셰프의 친필 사인을 메뉴에 받아 간직하고 있을 정도로 제겐 잊지 못할 특별한 경험이었죠.

스코틀랜드 식자재를 유독 선호한다.

스코티시 셰프로서 지역 특산물을 선호하는 것은 당연한 것 같아요. 셰프에게 친숙하고 신선한 재료는 자신감이거든요. 그렇다고 스코티시 식재료만 고집하는 것은 아니에요. 음식에 맛의 깊이나 향을 더해주는 묘한 힘이 있는 장, 청, 액젓 같은 아시아 향신료에도 관심이 많습니다. 요즘은 일본의 유자소스를 즐겨 레시피에 응용하고 있어요.

자신의 요리에 대한 평가는.

기존에 이미 잘 알려진 맛의 조합은 재미가 없어요. 요리에 대한 평가는 다이너의 기존 관념과 미각에 대한 도전에서부터 시작되는 것이라 믿습니다. 몇 년 전, 멕시칸의 몰레 포블라노 소스Mole Poblano Sauce에서 영감을 받아 메뉴 하나를 개발한 적이 있어요. 쌉쌀한 초콜릿과 에스펠레트Espelette 칠리로 만든 소스를 토끼 고기에 곁들여 서빙했죠. 손님들은 처음엔 고개를 갸우뚱했지만, 맛을 본 후에는 모두 만족스러워했습니다. 셰프의 참신한 발상과 고객의 특별한 다이닝 경험, 열린 피드백은 우리 레스토랑에 대한 평가이자 발전의 시작점입니다.

셰프나 경영자가 아닌 자선사업가로 적극적인 활등을 하고 있다.
(셰프는 뮤어 맥스웰 트러스트Muir Maxwell Trust, 소셜 바이트Social Bite 닥터 벨스 센터Doctor Bells Centre, 스피나 비피다Spina bifida, 캔서 리서치Cancer research 등에서 다양한 자선 활동을 하고 있다.) 영국에는 이미 많은 사람들이 자선 활동에 적극적으로 참여하고 있어요. 저는 앞으로 더 열슨히 참여해야 하는 참여자일 뿐이기 때문에 자선사업가라는 말은 부담스러워요.

이루고 싶은 꿈이 있다면.
가능한 한 전 세계의 모든 맛을 경험하고 싶습니다. 그 경험을 바탕으로 다양한 메뉴와 새로운 스코틀랜드의 맛을 만들어내고 싶어요.

마지막으로 나누고 싶은 맛있는 팁이 있다면.
영국 사람들이 사랑하는 이스트 스프레드 마마이트Mamite가 한국 입맛에 잘 맞을지 모르겠네요. 워낙 독특한 맛이라 호불호가 분명하거든요. 제가 좋아하는 마마이트를 맛있게 즐기는 법을 알려주고 싶습니다. 취향에 맞게 구운 토스트에 마마이트를 바르고 아보카도를 그 위에 올려 먹으면 색다른 맛의 조화를 느낄 수 있어요. 특히 마마이트를 싫어하는 사람에게 추천하고 싶어요.

지난 2012년 에든버러대학교는 모던 스코티시 요리의 승격을 치하하기 위해 셰프 마틴 위샤트에게 명예박사 학위를 수여했다. 셰프는 지금도 끊임없이 자신의 재능과 경험을 지역 사회와 나누고 있다. 셰프의 학교는 지역 청소년들의 꿈을 키워주고, 레스토랑은 그들 삶의 터전이 되었다. 스코틀랜드와 함께 성장하는 셰프 마틴 위샤트는 도전을 두려워하지 않는다. 도전하는 사람은 끊임없이 도전함으로써, 행복한 사람은 그것을 나눔으로써 더 행복해진다. 셰프의 도전이 앞으로도 계속되어 그의 행복이 더 커지길 기대해본다.

여름 양배추와 그물버섯 셸,
훈제한 셀러리악 주스를 곁들인
새로운 시즌의 꿩고기

New Season Grouse, Cabbage, Cèpe Duxelle Smoked Celeriac Juice

스코틀랜드 사냥 시즌은 매년 11월과 1월 사이다. 셰프는 사냥꾼이 갓 잡은 신선한 최상급 꿩을 직접 공수했다. 야생 그물버섯으로 만든 셸(잘게 썰은 버섯과 양파, 허브 등을 버터에 넣어 만든 페이스트)의 풍부한 너티Nutty 향에 꿩 고기의 담백함은 더 깊어진다. 고소한 오리 지방과 닭 육수에 조리된 양배추는 아삭하다.

퍼스셔 라즈베리 무스와
노크레이스 생크림, 수영 그라니테

Perthshire Raspberry Mousse, Knockraich Crème Fraiche and Sorrel Granité

레몬과 같은 신맛이 나는 수영은 조금만 넣어도 그 맛의 활용도가 높아 수프나 샐러드에 많이 쓰는 향미료 중 하나다. 셰프는 기존 그라니테(과일과 와인이 주재료) 레시피를 응용해 독특한 디저트를 만들었다. 스코틀랜드 퍼스셔산 라즈베리 무스의 강렬한 붉은색과 수영 그라니테의 초록색의 대조가 인상적이다. 입안에서 새콤달콤 녹아내리는 부드러운 무스와 그라니테는 노크레이스Knockraich 농장의 부드러운 생크림과 절묘한 조화를 이룬다.

패션 프루츠와 망고를 곁들인 광어 세비체

Ceviche of Halibut, Passion Fruits and Mango

페루의 전통음식인 세비체는 남미가 사랑하는 메뉴다. 보통 생선살이나 해산물에 높은 산도를 지닌 상큼한 과일주스와 강한 향을 지닌 매콤한 채소를 넣고 소금에 재워 먹는다. 마틴 위샤트의 세비체는 가족들과 함께 떠난 멕시코 해변 여행에서 영감을 받았다. 쫄깃하고 탱탱한 광어 살에 상큼한 토마토 퐁뒤와 망고, 톡 쏘는 맛이 매력적인 패션 프루츠의 환상적인 조화엔 화려한 색감의 멕시코 여름 바다가 담겨 있다. 셰프가 심혈을 기울여 만든 향긋한 고수오일은 이 멋진 메뉴에 풍미를 더한다.

RESTAURANT MARTIN WISHART
Michelin*
www.restaurantmartinwishart.co.uk
+44 131 553 3557
54 The Shore, Leith, Edinburgh, UK
lunch Tue-Fri 12:00-2:00p.m. Sat 12:00-1:30p.m.
dinner 7:00-10:00p.m.

뉴욕이 사랑하는 프렌치 셰프
에릭 리페르

Éric Ripert

1965년 프랑스 앙티브 출신
1980년 프랑스 Perpignan Culinary school
1989년 미국 이주

뉴욕 맨해튼 51번가에는 'The Fish is the Star of the Plate'를 철학으로 전 세계의 입맛을 사로잡은 레스토랑 르 베르나르댕Le Bernardin이 있다. 〈뉴욕타임스〉의 요리평론가 프란 브루니Fran Bruni는 르 베르나르댕의 셰프 에릭 리페르의 요리에 이런 찬사를 보냈다.

"완벽하고 섬세하게 준비된 최고의 요리다."

에릭 리페르는 세기의 셰프 조엘 로부숑의 레스토랑 자망Jamin에서 오랜 경력을 쌓았다. 그 후 1989년 미국으로 이주하여 셰프 장 루이 팔라댕Jean Louis Palladin, 데이비드 불레David Bouley의 레스토랑에서 일하다가, 1994년 르 베르나르댕의 총주방장 길버트 르 코즈Gilbert Le Coze가 갑작스럽게 세상을 떠나면서 레스토랑의 새로운 책임자로 선임되었다. 당시 스물아홉이라는 젊은 나이에 달성한 〈뉴욕타임스〉 별 4개(최고 리뷰)의 기록은 20년이 지난 지금까지도 변함이 없다. 지난 2005년부터 미슐랭 3스타 셰프로 자리매김한 에릭 리페르는 미국에서 할리우드 스타 못지않은 인기로 유명하다.

뉴욕 최고의 셰프로 칭송받는 에릭 리페르를 만나기 위해 레스토랑 르 베르나르댕을 찾았다. 인터뷰 전부터 셰프의 PR에이전시는 내게 촬영 시 주의사항을 여러 번 언급했다. 꽤나 유명세를 치르는 셰프라는 생각에 한껏 긴장되어 있었다. 하지만 레스토랑에서 만난 셰프 에릭 리페르는 보통 사람이었다. "몇 주 전 한국에 다녀왔는데, 저를 찾아 뉴욕까지 오셨다고요?" 셰프의 트레이드 마크인 함박웃음은 그에 대한 거리감을 단번에 좁혀주었다.

지난 한국 방문은 어땠나.

저는 불교 신자예요. 전 세계 불교 철학이나 문화에 관심이 많죠. 한국의 사찰 음식은 셰프인 제게 무척 흥미로운 주제입니다. 사찰 음식은 소울 푸드입니다. 재료 수확부터 조리까지 모든 과정이 생명체에 대한 감사와 존경의 수양 과정이죠. 한 인간으로서 그리고 오너 셰프로서 많은 것을 배우고 왔어요. 지난 한국 방문 이후, 김치와 고추장을 응용해 개발한 메인 요리의 반응이 좋았어요. 이번 여행에서도 어떤 메뉴가 나올지 저도 기대됩니다.

프렌치 셰프의 뉴욕 생활은 어떤가.

프랑스 남부의 앙티브 출신인 저는 사실 도시보다 전원을 더 좋아했어요. 지금은 뉴욕에 20년이 넘게 살면서 도시의 매력에 빠져들었죠. 뉴욕은 정말 대단한 도시예요. 전 세계의 다양한 문화들이 이곳에 모여 세계 트렌드를 만들어가죠. 요리도 마찬가지예요. 뉴욕 스타일 피자, 뉴욕 치즈 케이크, 맨해튼 클램 차우더, 뉴욕 베이글, 핫도그, 도넛, 에그 베네딕트⋯. 뉴욕은 맛의 천국입니다. 길거리 음식에서부터 파인 다이닝까지 하루가 멀다 하고 새로운 맛을 발견할 수 있는 재미있는 곳이에요. 저는 뉴욕을 사랑합니다.

당신은 무척 긍정적인 사람 같다.

낙천적이란 이야기를 많이 들었어요. 제 생각엔 불교에 입문하고나서 더 긍정적인 사람으로 변한 것 같아요. 히말라야에서 달라이 라마의 가르침을 듣고 깨달음을 얻어 지금까지 불법佛法에 따라 제 인생을 살펴보고 있습니다. 하루하루가 수행임을 깨닫고 감사하는 마음으로 살고 있어요.

할머니한테 요리를 배우기 시작했다고 들었다.

할머니는 우리 집 최고의 요리사예요. 어머니 또한 요리 솜씨가 훌륭했어요. 이탈리아 출신 할머니에게서 이탈리아 맛을 배우고, 어머니에게서 프로방스식 모던 퀴진을 배웠죠. 어린 시절 안도라로 이사 가면서 스페인 요리를 자연스레 익히게 되었고요. 여기서 '배우고 익힌다'는 것은 따로 요리를 체계적으로 교육받았다는 의미가 아니에요. 할머니와 어머니의 맛있는 요리를 제 몸과 영혼이 기억하고 있다는 뜻이죠. 처음 요리 학교 페이스트리 수업 때 만든 애플 타르트가 기억나네요. 할머니 맛도 나고, 엄마 맛도 났어요. 그야말로 감동이었죠. 한동안 계속 애플 타르트만 만들어 친구들이 집착한다고 놀리기도 했어요.

집에서도 요리를 하는가.

요리는 제 열정이에요. 요리란 행위가 일어나는 모든 곳엔 열정이 따르는 법이죠. 열정이 레스토랑에서 요리할 때는 있다가 집에서 요리할 때라고 사라지진 않아요. 열정과 함께 잠들고 눈을 뜨고…. 열정적인 사람들은 모든 일을 열심히 합니다. 저는 집에서도 열정적으로 요리해요. 다만 레스토랑 요리 스타일과는 다른 편안한 가정식 요리를 즐겨 만듭니다.

만약 셰프가 되지 않았다면.

산을 관리하고 보호하는 산림보호가가 되고 싶었어요. 유년기를 자연과 가까이 보내서 그런 것 같아요. 지금은 비록 다른 길을 가고 있지만 셰프로서 자연을 보호할 수 있는 일에 동참하려고 노력하고 있습니다. 지구는 하나뿐이잖아요. 재활용, 분리수거, 패키지 적게 만들기 등 생활의 아주 작은 것부터 간과하지 않고 실천하는 게 중요한 것 같아요.

셰프가 지녀야 할 가장 중요한 덕목은.

창의력이죠. 창의력은 단순히 새로운 아이디어 창출이라는 1차적인 행위가 아니에요. 사람과 사람의 관계를 편안하게 이끄는 것, 셰프로서 레스토랑과 팀의 목표를 성취하는 것, 자연을 탐구하는 것, 지식을 갈망하는 것을 의미합니다. 창의력은 모든 것에 응용될 수 있어요. 특히 이 시대의 셰프는 요리만 잘한다고 훌륭한 셰프가 되는 것은 아닌 것 같아요. 비즈니스 마인드가 있어야 합니다. 그렇지 않으면 레스토랑은 곧 문을 닫게 되죠. 지금 뉴욕에도 많은 레스토랑이 오픈과 폐업을 반복하고 있습니다. 어려운 위기 상황이 발생하더라도 레스토랑 스태프에게 올바른 방향의 솔루션을 제시하는 것이 중요해요. 그래야 위기를 극복하고 다음 단계로 전진할 수 있죠. 저는 배고픈 셰프가 되고 싶지 않아요.

프렌치 셰프가 생각하는 미국 음식 문화가 궁금하다.

미국 음식은 패스트푸드와 가공식품이라는 부정적인 이미지로 대중에게 각인되었어요. 사실이기도 하지요. 하지만 그것이 전부는 아니에요. 미국은 땅이 넓잖아요. 독특한 지역 색깔을 띤 소울 푸드의 세계는 실로 엄청납니다. 햄버거, 프렌치프라이, 도넛이 미국 음식의 전부는 아니죠. 미국에는 끊임없는 음식 혁명이 진행되고 있어요. 미디어는 사람들에게 음식에 대한 새로운 가치관을 교육하고 전달하죠. 질보다 양이던 음식 가치의 기준은 질적 우선 가치로 변화한 지 이미 오래예요. 오가닉, 비건, 페어 트레이드 등 건강한 먹거리에 대한 뉴욕커들의 인식과 관심은 매우 높습니다. 뉴욕의 이러한 추세는 이미 전 세계에 널리 파급되고 있습니다.

메뉴에 적힌 '해산물은 요리의 주인공이다.(The Fish is the Star of the Plate)'란 문구가 인상적이다.

레스토랑의 철학이자 저의 만트라입니다. 레스토랑의 디저트를 제외한 모든 메뉴는 해산물 요리입니다. 새로운 메뉴를 생각할 때 무조건 1순위는 해산물이죠. 먼저 해산물의 맛과 향, 색상, 질감 등 성격을 철저히 분석하는 것이 중요합니다. 디자인, 부재료, 소스 등은 그다음 문제라고 생각해요. 원래 르 베르나르댕은 해산물 전문 레스토랑이었어요. 처음 이곳을 맡았을 때부터 지금까지 르 베르나르댕만의 전통을 지키고 싶었죠. 물론 해산물 요리는 저와 잘 맞는 분야이기도 하고 요즘 식문화의 트렌드에 맞는 코드예요.

해산물이라는 주재료에 대해 다양성 부재가 느껴질 때가 있는가.

다양한 장르의 음악은 모두 칠음계에서 시작되지 않나요? 제 요리도 마찬가지예요. 해산물이라는 주제는 무한한 창조의 재료입니다. 단 한번도 해산물에 대한 우리 팀의 애정이 줄었다거나 진부해졌다고 느껴본 적이 없어요. 오히려 그 반대죠. 매번 같은 재료를 연구해보면 마치 신세계를 만나는 것 같아요. 수십 년 후에도 해산물을 주재료로 요리하는 것에 대한 두려움은 전혀 없습니다.

해산물 이외에 애착이 가는 재료는.

송로버섯을 좋아해요. 신비롭고 엄청난 힘을 가진 묘한 식재료라고 생각합니다.

에릭 리페르의 롤모델은.

조엘 로부숑. 그는 말이 필요 없는 셰프예요.

미슐랭 3스타 레스토랑 셰프로서, 미슐랭에 대한 당신의 생각은.

정확하다고 생각합니다. 농담이에요. 만약 미슐랭 스타를 하나도 받지 못한 레스토랑 셰프라면 미슐랭을 신뢰하지 않을 수도 있죠. 판단 기준은 상대적일 수 있어요. 물론 미슐랭 스타가 없는 레스토랑 중에도 훌륭한 곳이 많습니다. 다만 미슐랭은 오랜 전통을 자랑하는 미식 검증 기관이에요. 지금까지의 명성만큼이나 객관성을 지키기 위해 부단히 노력하고 있다고 믿어요.

미디어에서는 당신을 뉴욕 최고의 셰프라고 칭송한다.

최고가 무슨 의미가 있나요? 최고라는 것은 상대적인 것 같아요. 제가 스스로 최고라고 생각해본 적은 없어요. 열심히 일하다보면 누구에게나 때때로 시련이 닥치기 마련이고 스트레스도 받게 되죠. 스트레스를 잘 극복하는 것 또한 인간이 삶을 통해 배워나가야 할 과제인 것 같아요. 제게 가장 중요한 세 가지는 나 자신, 가족, 레스토랑입니다. 제게 주어진 이 세 가지를 지혜롭게 잘 운영해야 스트레스를 이겨낼 수 있어요. 어려운 때일수록 누구에게나 자기만의 공간이 필요한 것 같아요. 현실에서 거리를 두고 숨을 쉴 수 있는 타임아웃 같은 거요. 나 자신에 대한 시간을 갖는 것은 자신을 솔직히 들여다보고, 스트레스로부터 거리를 둘 수 있는 치유의 공간이기도 합니다.

좀 더 배우고 싶은 것이 있다면.

너무 과한 욕심인지 몰라도 세상의 모든 요리에 대해 배우고 싶어요. 제 요리에 대한
영감은 요리 자체에서 나오거든요. 젊었을 때는 갤러리나 음악회를 돌아보면서 요
리를 개발하려고 했어요. 하지만 지금 돌이켜보면 저게 필요한 부분은 요리 그 자체
였어요. 요리는 그림이 아닙니다. 요리는 음악이 아니죠. 셰프는 요리를 잘해야 하
고, 이를 위해서는 끊임없이 요리해야 한다고 생각해요.

사회 활동에 적극적으로 참여한다.

시티 하베스트 푸드 카운실City Harvest's Food Council 프로젝트를 위해 일하고 있습
니다. 뉴욕의 훌륭한 셰프들과 함께 음식 문화의 질적 향상을 위한 자선 활동으로
도시의 소외 계층 사람들에게 건강한 식문화를 보급하기 위해 펀드를 모금하고 있
어요. 뉴욕을 중심으로 새롭게 일어나는 음식 혁명을 남녀노소, 빈부 격차를 넘어
모든 사람과 나눌 수 있으면 좋겠다는 취지에서 시작했습니다. 앞으로 더 많은 사람
들이 프로젝트에 참여하길 바랍니다.

앞으로의 꿈은.

행복하게 요리하고, 행복하게 은퇴하고 싶습니다. 지금처럼 하루를 감사히 여기고,
주어진 일에 최선을 다하며, 내가 가진 것을 남들과 기쁨으로 나누고 싶어요.

뉴요커들은 셰프 에릭 리페르의 요리에 열광했고, 그는 젊은 나이에 미국 뉴욕 파인 다이닝 레스토랑의 최고 셰프가 되었다. 하지만 그는 자신을 최고라 생각하지 않는다. 아직도 셰프로서 배울 게 많기 때문에 앞으로 나눌 게 더 많다고 말한다. 혹자는 성공한 사람들의 한 가지 공통점이 있다면 자신에게 진실되기 위해 끊임없이 노력하는 것이라고 했다. 때때로 스스로에게조차 진실을 숨기고 싶을 때가 있기에 이것은 겁나는 일이기도 하다. 에릭 리페르는 솔직했다. 아닌 것은 아니라고 스스로에게 말할 수 있는 용기 있는 사람이다. 그래서 그의 키친은 건강할 수밖에 없다. 자신에게 솔직해지기 위해, 그리고 당당해지기 위해 자기 성찰을 쉬지 않는 에릭 리페르의 키친이 기대된다.

연어

Salmon

가장 인기 있는 해산물 연어가 주인공이다. 셰프는 최상급 스코틀랜드산 연어의 맛과 향을 극적으로 표현하기 위해 메뉴 개발에 오랜 시간을 투자했다고 한다. 화려한 색상의 플레이트는 마치 열대 우림의 섬을 닮았다. 톡 쏘는 토마틸로 메스칼(데킬라의 일종)소스와 역동적인 채소의 질감 사이로 부드럽고 쫄깃한 연어가 입안에서 눈 녹듯이 사라진다.

서프 앤 터프

Surf and Turf

해산물과 육류가 함께 어우러진 아메리칸 메인 코스 서프 앤 터프. 450℃ 오븐에서 잘 구운 소 사골, 고소한 성게알, 바삭한 베이컨과 새콤한 양파 피클, 케이퍼, 시치미의 조화가 독특하다. 성게알을 사골과 섞어 바삭하게 구운 바게트에 얹어 먹으면 요리의 깊은 맛과 향을 느낄 수 있다.

킹 피시 캐비아

King Fish Caviar

셰프는 한국에서 고등어로 알려진 킹 피시를 따뜻한 사시미 스타일로 조리했다. 최상급 킹 피시의 핑크빛과 뽀얀 소스, 검은 캐비아의 색감은 마치 산호섬을 연상시킨다. 킹 피시를 얇게 회를 떠 소금과 백후추로 가볍게 간한 후, 살짝 예열된 접시에 생선 살을 올려 360℃의 오븐에서 15~30초간 살짝 데워낸 후 캐비아를 얹는 것이 따뜻한 사시미의 비밀이다. 흥합 스톡, 샬롯, 마늘, 화이트 와인, 버터, 레몬주스로 만든 담백하고 무게감 강한 소스는 톡톡 터지는 캐비아의 쌉싸름한 맛과 고소한 생선 살에 풍미를 더한다.

Le Bernardin
Michelin ★★★
le-bernardin.com
+1 212 554 1515
155 West 51st St, New York, NY 10019, USA
lunch Mon-Fri 12:00-2:30p.m.
dinner Mon-Thur 5:15-10:30p.m. Fri-Sat 5:15-11:00p.m.

안톤 뷰흐

야콥 홀스트럼

논리적 퀴진의 미학
안톤 뷰흐와
야콥 홀스트럼

Anton Bjuhr, Jacob Holmström

안톤 뷰흐 Anton Bjuhr
디저트 메뉴 셰프
1979년 스웨덴 뢱실레 출신
2000년 미국 New York French Culinary Institute(FCI)

야콥 홀스트럼 Jacob Holmström
스타터, 메인 메뉴 셰프
1982년 스웨덴 할름스타드 출신
1997년 스웨덴 Halmstad Hotel and Restaurant school

북유럽이 대세다? 적어도 대한민국에서는 그렇다. 몇 년 전 노르딕Nordic 디자인을 시작으로 실용적인 철학과 수준 높은 삶의 질을 실현하는 선진 스칸디나비안 문화의 이미지는 우리에게 존경의 대상이자 카피하고 싶은 롤모델이다. 멜라렌Mälaren 호수와 발트해Baltic가 아름답게 펼쳐진 나라 스웨덴은 사랑받는 관광지이자 노르딕 문화의 중심지다. 수도 스톡홀름의 트렌디한 외스테르말름Östermalm 지구에는 현재 스웨덴에서 가장 주목받는 젊은 셰프 안톤 뷰흐오 야콥 홀스트럼의 레스토랑 게스트롤로직Gastrologik이 있다.

게스트롤로직은 2011년 10월 오픈 이후 1년 6개월 만에 미슐랭 스타를 받았다. 사실 외관만 따져보면 과연 여기가 미슐랭 스타 레스토랑인지 알 수 없을 정도로 불분명해 보인다. 손바닥만한 작은 문패에 레스토랑 이름만 덩그러니 써 있다. 미슐랭 스타를 선전하기 위한 홍보용 문구에 열을 올리는 다른 레스토랑과는 사뭇 다른 분위기다. 한동안 미심쩍은 마음에 부근을 배회하다 용기 내어 레스토랑에 들어섰다.

스톡홀름을 닮은 새하얀 다이닝 홀과 에메랄드빛 오픈키친의 대조, 그리고 그 위를 떠다니는 붉은 구리 전등은 간결하고 아름답다. 레스토랑 구석구석에 놓인 의자며 테이블, 노르딕 디자인 소품에 감탄하는 나에게 셰프 안톤 뷰흐과 야콥 홀스트럼이 다가왔다. "게스트롤로직에 오신 것을 환영합니다." 파인 다이닝 레스토랑에서 보기 드문 조합인 두 젊은 오너 셰프가 만나게 된 사연을 들었다.

두 셰프가 레스토랑을 함께 오픈한 사연을 알고 싶다.

안톤 : 첫 만남은 고텐부르크Gothenburg에 있는 레스토랑 린네아Linnéa였어요. 레스토랑 근무 시간은 보통 다른 직업군 사람들과 어울리기 힘든 스케줄이잖아요. 레스토랑 오픈 시간에 따라 움직여야 되니까요. 그래서 일터가 금세 내 집이 되고, 동료가 내 가족이 되는 것 같아요. 야콥과 저는 이웃사촌이었어요. 근무 시간 외에도 함께 어울릴 기회가 많았는데 업무 외에도 일상적인 생활을 공유하면서 친해졌어요. 야콥은 저보다 일을 일찍 시작해 요리 선배고, 저는 야콥보다 나이가 많아서 인생 선배예요. 서로 부족한 부분을 조언도 해주고 고민이 생기면 함께 풀어나가기도 했죠. 그 후 각자 다른 레스토랑으로 이직을 하게 되었는데, 우연치 않게 같은 도시에서 근무하게 되었어요. 지금 생각해보면 셰프 인생의 절친 역사를 함께 만들어온 것 같아요.

의견 차이는 어떻게 극복하는가.

야콥 : 각자 키친에서 하는 역할, 원하는 것에 대한 생각이 분명한 편이에요. 물론 때때로 각자의 개성이나 사상 때문에 의견 차이가 발생하기도 하죠. 하지만 의견 차이를 부정적이라고 생각하지 않아요. 저희가 게스트롤로직에서 함께 일할 수 있는 것은 공통으로 추구하는 목적이 분명하기 때문이에요. 의견 차이는 그 목적을 더 나은 방법으로 성취하기 위해 필수적으로 발생하는 것이고, 이는 토론을 통해 조율하고 있어요.

서로에게 키친의 소울 메이트인가.

안톤 & 야콥 : 맞아요. 키친에서 서로를 완벽히 필요로 하고, 함께 일하면서 시너지 효과를 내고 있습니다. 때론 의견 충돌이 발생하기도 하고 이에 따른 조율도 필요하지만, 이 모든 것의 중심엔 레스토랑의 발전이 있다고 믿어요. 강한 의견 차이가 있다면 각자의 작업실로 돌아가 조용히 시간을 갖고 생각을 정리한 후 다시 대화를 시도해요.

파티스리(Pâtisserie)로서, 오너 셰프가 된다는 것의 의미는.

안톤 : 사람들은 보통 메인 요리를 전체 다이닝의 중심으로 생각합니다. 메인은 늘 디저트 메뉴보다 우선시되고 있죠. 하지만 프렌치 러 스토랑은 달라요. 파티스리 셰프는 모든 코스를 정확히 파악하고 디저트 메뉴를 통해 전체 코스의 엔딩을 완벽하게 마무리하는 막중한 책임이 있거든요. 때때로 디저트 메뉴를 생략하고 그냥 식사를 마치는 분들이 계시죠. 이건 마치 영화 엔딩을 보지 않고 극장을 나서는 경우와 같아요. 모든 코스의 재료와 조리 방법, 순서에는 논리가 따르는 법입니다. 게스트롤로직의 메뉴 역시 처음부터 끝까지 철저히 계획되어 준비된 내레이션이죠. 게스트롤로직의 이야기를 잘 들으려는 준비가 된 고객이라견 아마 저희가 준비한 이야기의 서론·본론·결론, 그 어떤 부분도 놓치지 않으려고 하실 거예요.

게스트롤로직의 메뉴가 독특하다.

야콥 : 메뉴판이 백지예요. 특정 메뉴가 특별한 레스토랑을 만든다고 생각하지 않습니다. 저희 모든 요리는 게스트에게 새로운 다이닝 경험을 주기 위해 철저히 계획됩니다. 게스트롤로직은 지역 직거래 판매자의 식자재만 사용하고 있어요. 매주 농장을 방문해 계절을 직접 체험하는 것은 안톤과 제가 고집스럽게 지키고 있는 철칙입니다. 저희 메뉴는 늘 계절에 따라, 농장 상황에 따라 바뀔 수밖에 없어요. 건강하고 신선한 재료를 서비스하는 것이 게스트롤로직의 원칙이기 때문에, 신선한 식재료를 준비하지 못한 요리가 있다면 메뉴에서 미련 없이 빼고 새로운 메뉴로 대체합니다. 결핍은 창의력을 자극한다고 믿어요. 신선한 재료를 우선으로 고려해 메뉴를 개발한다면 셰프는 더 크리에이티브해지며, 다이너 역시 더 획기적인 메뉴를 맛보게 될 거라고 생각합니다.

요리는 어떻게 시작했나.

야콥 : 아버지가 25년 동안 3개 레스토랑을 운영한 성공적인 오너 셰프셨어요. 어린 시절 아버지의 레스토랑은 제 놀이터였죠. 간호사인 어머니가 밤에 근무하면, 아버지는 저를 레스토랑에 데려왔어요. 레스토랑은 늘 시끄럽고 사람들로 꽉 차 발 디딜 틈이 없었지만, 왠지 모르게 따뜻하고 친근했어요. 아버지 덕분에 자연스럽게 요리를 하게 되고 조리 테크닉도 빨리 배울 수 있었죠. 한때 목수를 생각한 적도 있지만, 아버지 레스토랑에서 보낸 행복한 추억이 그리워 요리를 시작하게 되었어요.

안톤 : 저는 고등학교 시절 꽤나 건조한 사람이었어요. 딱히 일상에서 재미를 느끼지 못했죠. 우연히 동네 패스트푸드점에서 그릇 닦는 일을 시작했고, 6개월 후 조리를 하게 되었어요. 그때는 요리를 어떻게 하는지도 몰랐어요. 기껏 조리라고 해봤자 매뉴얼대로 케밥이나 햄버거를 만들었죠. 하지만 손으로 무언가를 만들어 서빙하는 것이 행복했어요. 일상에 재미를 느끼기 시작했그, 요리 학교 진학을 준비하게 되었습니다.

스웨디시 퀴진의 트렌드를 이끄는 젊은 셰프로 꼽힌다.

안톤 & 야콥 : 새로운 트렌드를 만들거나 이끌려는 생각은 해본 적이 없습니다. 다만, 스웨덴식 음식을 저희 방식대로 표현했을 뿐. 공교롭게도 몇 년 전부터 스웨덴식 고급 요리 스타일이 주목받기 시작했습니다. 그전까지 파인 다이닝 하면 대부분이 프렌치였거든요. 푸아그라, 에스카르고, 트러플 등 프렌치 식재료에 대한 스웨덴 사람들의 반응은 무척 열광적이었고, 그에 따른 소비도 마다하지 않았죠. 스웨덴식 파인 다이닝은 존재하지도 않던 시절이었어요. 하지만 지금 파인 다이닝 고객들은 똑똑해졌어요. 언제 어디서 제조된 지 모르는 해외 식재료보다는 우리 땅에서 나고 자란 식재료를 요리한 질 높은 다이닝에 더 가치를 둡니다. 이 개념은 저희 레스토랑 철학과 일맥상통하죠. 요리 테크닉은 여행할 수 있지만, 신선한 식자재는 그럴 수 없거든요. 게스트롤로직은 스웨덴의 식자재만 사용하고, 모던 테크닉을 응용한 세련된 스웨덴식 메뉴를 창조하고 있습니다.

한국 식문화에서 응용한 테크닉이나 노하우가 있다면.

안톤 : 한국 피에르 가니에르 아 서울Pierre Gagnaire à Seoul에서 파티스리 헤드 셰프로 일하면서 소나무가 한국 음식에 자주 사용된다는 걸 배웠어요. 소나무 원액, 솔가루 등 쓰임새가 다양하고 향이 독특해 스웨덴산 소나무를 제 레시피에 응용해보고 싶었습니다. 얼마 전 생굴 요리와 함께 솔잎을 서빙했는데, 향이 잘 어울려 반응이 아주 좋았어요. 스웨덴 식자재를 응용한 아시아 레시피를 연구해보고 싶습니다.

존경하는 셰프는 누구인가.

안톤 : 제게 다양한 기회를 준 피에르 가니에르를 존경합니다. 그는 식재료를 자유롭게 구사하는 예술가예요.

야콥 : 파스칼 바흐보. 프랑스에서 함께 일했어요. 셰프 파스칼이 모든 재료를 존중하고 아끼는 자세, 그의 독특한 요리 스타일, 레스토랑이 만들어내는 분위기 등 그의 모든 것을 존경합니다.

오너 셰프를 꿈꾸는 이들을 위한 조언과 포부는.

안톤 & 야콥 : 레스토랑에는 다양한 셰프가 있죠. 하지만 그들의 희망은 모두 같아요. 바로 오너 셰프가 되는 것이죠. 물론 모두 오너 셰프가 될 수 있는 것은 아니에요. 주방에는 견습생으로 몇 년간 설거지나 잔심부름만 하다가 레스토랑 생활을 마무리하는 사람도 많아요. 자신이 무엇을 하는지 분명히 아는 사람만이 오너 셰프의 꿈을 이룰 수 있습니다. 늘 깨어 있어야 해요. 저희는 먼 미래보다는 오늘에 집중하고 싶어요. 레스토랑과 서비스, 요리와 다이너, 공간과 인테리어, 의식과 무의식, 이성과 미식의 인터렉티브가 일어나는 레스토랑 게스트롤로직을 만들고 싶습니다.

gastrologik.

오너 셰프라는 꿈을 이룬 셰프 안톤과 야콥. 이들은 때로 서로에게 날카로운 비판자이자 믿음직한 조언가, 그리고 완벽한 하나의 팀으로서 꿈을 실현했다. 그리고 그들이 함께 이룬 꿈의 레스토랑 게스트롤로직을 지키기 위해 서로를 격려하는 모습이 아름답다. 사람 하나를 얻으면 천군만마를 얻은 것과 같다는 말처럼, 두 사람에겐 그 어떤 도전도 두렵지 않으리라. 이들이 게스트롤로직에서 만들어내는 스칸디나비안 스타일의 논리적 퀴진의 미학이 계속 기대되는 이유다.

굴

Oysters

입안을 가득 채우는 커다란 굴에서 담백한 즙이 멈추지 않고 흘러나온다. 입에서 눈처럼 녹아내리는 미세한 사과 얼음과 소나무 새순으로 만든 향긋한 오일, 브드러운 생크림, 상큼한 오이의 향은 은은하지만 강력한 마력을 가졌다.

작은 바닷가재

Langcustine

신의 축복이라 할 정도로 북유럽에는 신선한 해산물이 넘쳐난다. 세상에서 가장 심플한 디시를 만들고 싶다는 야콥의 철학을 미각으로 느낄 수 있는 코스다. 야콥은 반드시 스웨덴 서해안산 바닷가재를 고집한다. 가재의 껍데기를 분리한 후 대가리 부분으로는 가재크림을 만들고, 나머지 부분은 3% 소금물에 담갔다가 유채기름에 살짝 구워 콜라비 피클과 함께 서빙한다. 속이 꽉 찬 바닷가재 살을 한입 베어 물면 노르딕 바다 풍경이 눈앞에 아른거린다.

메추리 알

Quail eggs

지구 반대편에 위치한 스웨덴과 한국 식문화의 닮은꼴을 잘 반영해주는 한국식 장조림과 유사한 메뉴다. 짧은 여름과 유난히 긴 겨울이라는 혹독한 자연의 섭리에서 태어난 스웨덴의 식문화는 한국의 맛과 비슷하다. 콩을 쪼개 7%의 소금물에 담가 만든 스웨덴식 간장에 1분 30초간 삶은 메추리알을 3시간 동안 재워 완성한 메뉴다. 콩줄기와 함께 서빙되는 메추리알 노른자는 촉촉하고 따스한 감칠맛이 있다.

수영 아이스크림

Sorrel Ice-Cream

주니퍼 베리로 만든 새하얀 프렌치 머랭과 에메랄드색 수영은 마치 여름철 눈이 녹기 시작한 노르딕의 깊은 숲을 연상시킨다. 셰프 안톤은 코스 속에 두 가지의 상반된 디저트를 서빙하는데, 주로 담백하거나 짭짤하거나 상큼한 맛으로 신선한 마무리의 시작을 알리는 디저트가 첫 번째 레퍼토리다. 설탕과 글루코스 시럽에 수영즙과 크림을 섞어 만든 아이스크림은 우리가 흔히 먹던 피스타치오나 녹차맛 아이스크림과 흡사한 색감과 질감을 가졌다. 그릴에 구운 향이 살아 있는 오이 피클과 신선한 수영잎, 수영 파우더는 쌉싸름하고 새콤한 아이스크림에 생동감을 더한다.

gastrologik
Michelin *
www.gastrologik.se
+46 8 662 30 60
Artillerigatan 14, 11451 Stockholm, Sweden
Tue-Fri 6:00–11:30p.m. Sat 5:00-11:30p.m.

캘리포니아 바다의 파수꾼
마이클 시마루스티

Michael Cimarusti

1969년 미국 뉴저지 출신
1991년 미국 New York Culinary Institue of America in Hyde Park

providence

로스앤젤레스는 미국에서 두 번째로 큰 도시이자 다민족 지구다. 이곳에서 음식은 다양한 인종을 하나로 엮어주는 관심사이자 끝없는 화두다. 퓰리처상을 수상한 음식 전문기자 조나단 골드Jonathan Gold가 지난 2014년 〈LA타임스〉에 '베스트 레스토랑 101' 리스트를 발표했다. 세간의 관심을 끈 레스토랑 1위는 파인 다이닝 레스토랑 프로비던스Providence였다. 과거 수차례 매체를 통해 LA 최고의 레스토랑으로 선정된 이곳은 2005년에 오너 셰프 마이클 시마루스티가 오픈했다. 일찍이 할리우드의 스타들의 심심치 않은 등장으로 유명세를 타기 시작한 프로비던스는 야생 어류를 기본으로 한 섬세하고도 심플한 디시로 미식 업계의 주목을 받았다. 유명 요리 잡지 〈본 에피티Bon Appetit〉는 셰프 마이클을 미국 셰프의 새로운 세대를 이끄는 리더라고 대서특필하기도 했다.

뜨거운 태양이 내리쬐던 날 LA 한복거리에 위치한 프로비던스를 찾았다. 따스함이 묻어나는 다이닝 홀은 캘리포니아의 해변을 닮았다. 런치가 없는 주말이라 홀은 조용했지만, 디너를 준비하는 스태프들의 스케줄로 키친은 낮부터 이미 바쁘게 돌아가고 있었다. 일사불란하게 움직이는 스태프들 사이에 덥수룩한 수염이 마치 시골 바닷가 어부를 닮은 셰프 마이클 시마루스티가 등장했다.

매년 발표되는 <LA타임스> 베스트 레스토랑 랭킹 최상위권을 유지하고 있다.
2009년 이후 LA에서 미슐랭 가이드 활동이 잠정 중단되었어요. 미슐랭 2스타 셰
프로서 마지막 별 하나에 도전할 기회가 없어 늘 아쉬웠는데, <LA타임스>의 리뷰
는 그 서운함을 해소시켜주기에 충분했어요. 프로비던스 팀의 땀과 노력으로 얻은
결과이기에 무척 자랑스럽고 행복합니다. 아무래도 가시화된 성과를 팀 전체가 나
눈다는 것은 팀원들에게 강한 동기 부여와 성취감을 주는 것 같아요. 매년 리스트
발표 이후 팀끼리 함께 나눌 이야기도 많아지고, 서로 격려할 수 있는 여유와 자신감
이 더해지는 것 같습니다.

미국을 이끄는 새로운 리더 셰프로 역량이 뛰어나다고 들었다.
부끄러운 이야기예요. 미국에는 저보다 뛰어난 선후배 셰프들이 많습니다. 사람들
이 제 뚝심을 과하게 평가해주는 것 같아요. 제 할머니 할아버지는 이탈리아에서 미
국으로 이주한 이민 1세대예요. 이민 세대에게 일이란 곧 삶의 전부죠. 안정된 삶을
위해 주어진 자리에서 열심히 일하는 뚝심이 이민자 가족의 가풍이에요.

이탈리아 가정에서 자란 당신에게 요리란 무엇인가.
요리는 곧 가정이자 사랑입니다. 어려서부터 어머니의 이탈리안 가정식을 먹고 자
란 제게 요리는 어머니의 사랑이자 가족의 끈끈한 유대감을 의미합니다. 집 뜰 앞에
서 가지, 토마토, 호박 등을 키워서 신선하고 건강한 요리를 해주시던 어머니에 대한
추억은 늘 저를 웃게 만들어요. 지금도 종종 작가가 된 동생과 어린 시절 먹던 음식
이야기를 꺼내면 끝이 없어요. 저 역시 부모님에게 받은 사랑을 요리를 통해 나누고
싶습니다.

레스토랑 프로비던스 키친의 콘셉트는.

해산물 중심의 컨템포러리 키친이죠. 주로 프랑스와 일본의 요리 테크닉을 쓰고 있어요. 자연의 순리에 따라 자란 제철 야생 해산물이 주재료고요. 가능한 한 해산물 본연의 특성이 최대한 발현되도록 간단하게 요리합니다.

해산물은 주로 어디서 공급받나.

프로비던스의 해산물에는 제철과 야생이라는 두 가지 원칙이 있습니다. 주로 미국 동부 해안과 일본 해산물을 거래하고 있어요. 일본에서는 2-3일에 한 번씩 철저하게 품질 검사를 마친 해산물을 수입하고, 야생 연어, 굴, 가리비는 15년 이상 거래한 어부들과 직거래로 공수해 옵니다. 신뢰를 기본으로 거래해온 현지 어부들은 프로비던스의 숨은 공신입니다. 일반 상거래 가념을 넘어 레스토랑에 어떤 새로운 어류가 좋을지, 어떻게 응용할 수 있는지 다양한 의견이 오가는 특별한 파트너 관계를 유지하고 있어요. 특히 야생 해산물을 구매할 때는 절대 무단으로 포획한 상품은 구매하지 않는 게 원칙입니다. 지역 어부들과 유지 보존 가능한 해산물의 정보를 공유하고 보호하려는 운동도 함께하고 있어요.

일본 쓰나미 이후, 일본산 어류 수입에 논란이 많다.

일본 수출업체에서 까다로운 방사능 노출 검사 결과와 함께 샘플을 보내옵니다. 저희 레스토랑엔 안정성을 100% 보증받은 식재료만 들어와요. 품질 검사가 최우선입니다. 개인적으로 방사선 노출에 따른 파급 영향을 무조건적 어류 수입 차단으로 해결하는 것은 좋은 방법이 아니라고 생각해요. 과학적 결과에 따른 올바른 지식을 바탕으로 수용하는 것이 중요합니다.

요즘 특별히 애착이 가는 해산물이 있다면.

철마다 바뀌는데, 요즘은 맛이 풍부한 난투게 베이Nantucket Bay 가리비를 자주 찾게 돼요. 풍부한 질감과 맛을 가졌는데, 적당히 숙성시켜 날것으로 먹으면 숨겨진 가리비 향까지 느낄 수 있습니다. 요즘 가리비를 찾는 손님이 부쩍 늘고 있어 하루에도 수십 번 준비하는 메뉴인데, 매일 먹어도 전혀 질리지 않아요.

셰프로서 프로비던스를 위해 가장 많이 준비하는 부분은.

아무래도 재료 준비가 아닐까 싶네요. 낚시하면서 직접 야생 어류의 움직임이나 환경을 체크하는 것은 요리만큼이나 중요한 일이죠. 미국 동부 해변은 훌륭한 어류의 천국이에요. 진정한 어부는 고기잡이에만 열중하는 게 아니라, 어장 관리도 관심을 가져야 한다고 생각해요. 나중에 내가 잡을 고기가 더 이상 없다면 무슨 재미로 낚시하고 요리할지 상상하기도 싫어요. 어류의 특별함을 잘 알고 사랑하기 때문에 지속 가능한 야생 어류 어장 보존에 관심이 많습니다. 관련 서적과 포럼을 통해 공부하고 적극적인 환경보호 운동에 참여하고 있어요.

맛을 내는 숨은 노하우가 있다면.

소스를 만들 때 다른 간장들보다 섬세한 맛을 가진 일본식 백간장을 한두 방울 넣어요. 주로 비네그리트Vinaigrette 드레싱으로 마무리하거나, 조금 깊은 맛을 표현하고 싶을 때 아주 소량 사용합니다. 소스에 잔잔한 백그라운드 뮤직을 깔아주는 듯한 느낌이 나는 것 같아요. 1% 부족한 맛을 완벽하게 만들어주기도 하는 것 같아요.

키친에서 가장 중요하게 생각하는 요리 도구는?

생선을 요리하는 제게 가장 중요한 요리 도구는 칼입니다. 일본 네노히Nenohi 칼이 제겐 페라리나 람보르기니와 같아요. 칼 욕심이 많은 편이기 때문에 해외 출장 가면 칼 제작소를 직접 둘러보기도 하고 틈틈이 구매해놓는 편입니다. 집에 100여 종의 칼이 있고 레스토랑에는 자주 사용하는 30자루가 구비되어 있어요. 보통 출장 갈 땐 10여 자루를 가방에 넣고 다닙니다.

셰프가 되고 싶은 이들에게 권하고 싶은 요리책은?

제가 스물둘인가 스물세 살 때, 셰프로서 처음 진지하게 읽은 미셀 브라Michel Bras 의 <Le Livre de Michel Bras>를 권하고 싶어요. 당시 절판되어 구하기 힘든 요리책 중 하나였지요. 이 책을 통해 처음으로 일본 칼에 대해 알게 되고, 건강한 채소 조리 법에 대한 지식을 넓힐 수 있었어요. 제가 가졌던 요리에 대한 개념을 변화시킨 엄청 난 책입니다.

추천하는 최고의 미식 도시는.

당연히 로스앤젤레스죠. 오리지널부터 하이브리드 버전까지 전 세계 다양한 요리 를 한곳에서 즐길 수 있는 곳이 여기 말고 또 어디 있겠어요. 베트남, 멕시칸, 중남미, 아프리카 음식, 일본 이자카야는 물론이고 한식당도 모자라 푸드 트럭까지. 도시 골목마다 다민족 식당이 줄지어 들어서 있어요. 저도 여기서 아직 못 가본 레스토랑 이 많아요.

한국 음식을 즐겨 먹는가.

물론이죠. 김치를 좋아합니다. 몇 년 전 저희 레스토랑에 한국인 수세프가 있었는데 직접 김치를 만들어 먹었어요. 가끔 프로비던스에서 한국식 요리 코드를 응용하기도 하고요. 로스앤젤레스에는 한국 교민들이 많이 살고 있고, 저희 레스토랑을 찾는 한국인 고객도 점점 늘고 있어요.

앞으로 퀴진 트렌드는.

점점 더 많은 사람이 생선을 이야기할 것입니다. 아무래도 이미 육류에 대한 불감증이 증가되면서 생선 소비가 급격히 늘어나고 있어요. 이제 사람들은 생선에 대한 디테일, 예를 들면 어디서 어획한 생선인지, 어떻게 관리되었는지에 더 관심을 가지게 될 것 같아요.

요즘 셰프 마이클이 바라는 것은.

바다로 나가야 하지 않겠습니까! <노인과 바다>처럼 망망대해를 자주 즐기고 싶어요. 요즘은 레스토랑이 바빠서 매주 바다에 나가기가 쉽지 않아요. 제게 낚시는 마음의 여유를 갖고 나를 돌아볼 수 있는 명상의 시간이기도 합니다. 누구나 자신만의 시간이 필요하잖아요. 요즘 낚시가 몹시 그립네요.

셰프가 되고 싶은 열네 살의 소년은 접시닦이부터 키친 경력을 시작했다. 그의 부모님은 아들의 순수한 열정에 감동받아 대학 입시 준비 대신 세상의 다양한 맛의 세계를 보여주었다. 청년이 된 마이클은 미국 최고의 요리 학교 CIA를 졸업하며 정식 셰프가 된다. 유럽에서 월드 클래스 셰프 폴 보퀴즈Paul Bocuse, 제라드 부아예Gerard Boyer, 로저 베르제Roger Vergé와 일하면서 자신의 역량을 넓힌 그는, 미국으로 돌아와 모던 퀴진을 이끄는 미국의 트렌디 셰프로 우뚝 선다. 정직한 그의 성공 이야기에는 분명한 불변의 진리가 있다. "한 우물만 파라." 셰프가 사랑하는 해산물을 단지 소비의 시각이 아니라, 보듬고 지키려는 그의 열정에서 시작된 뚝심은 지금 미국을 넘어 전 세계를 움직이고 있다.

아직도 키친에서 플레이트를 마무리하는 그의 모습이 눈에 선하다. 키친에서 그의 집중력은 엄청났다. 이 세상엔 그가 마주한 요리, 그리고 그만 존재하는 듯했다. 그래서일까? 한동안 셰프의 요리를 그리워하는 묘한 상사병에 빠지기도 했다. 진정성 있는 그의 요리는 중독성이 강하다.

야생 스패니시 고등어

Wild Spanish Mackerel

지금까지 당신이 맛본 고등어와는 차원이 다른 마이클만의 야생 고등어 요리다. 핑크빛 고등어를 중심으로 펼쳐진 가니시의 강렬한 원색 대비는 보기만 해도 식감을 자극한다. 셰프의 주특기인 숙성Fish Resting을 통해 차진 고등어의 겉을 살짝 구워 고소함을 더했다. 담백한 고등어와 잘 어울리는 초록 소스의 비밀은 바로 화이트 와인에 절인 아티초크, 샴페인 식초, 바질오일에 있다. 고등어와 곁들여진 파바와 로켓, 래디시는 플레이트에 화려한 색감뿐만이 아니라 영양까지 더해주었다. 날카로운 산미와 부드러운 질감이 인상적인 캘리포니아 와인 Chenin Blanc Lieu dit 2012과 페어링하면 플레이트를 200% 즐길 수 있다.

메인 바닷가재

Maine Lobster

미국 북동부의 메인에서 생산된 바닷가재는 특급 품질을 자랑한다. 비단 크기뿐만 아니라 꽉 찬 살과 쫄깃한 식감에 행복하지 않을 고객은 없다. 고소한 버터에 적당히 구운 도톰하고 건강한 바닷가재는 구운 파스닙, 체스넛, 바닷가재 스톡과 경쾌하게 어우러진다. 플레이트 위 다양한 질감과 색상의 조화는 마치 화려한 부케를 연상시킨다. 갈릭오일과 그릴 어니언, 구운 빵가루를 믹스해 만든 고소한 검정 가루 토핑은 입안 가득 넘치는 바닷가재의 주스를 더욱 담백하게 만든다.

검은 야생 농어

네틀, 파르메산 치즈로 만든 풍성한 크림 거품소스와 담백한 검은 야생 농어 구이가 오묘한 조화를
이룬다. 쌉싸름한 루바브와 탱탱한 돼지 등살 기름 가니시는 주연만큼 뛰어난 조연이다. 단단한 젤리
질감의 구운 돼지기름은 전혀 느끼하지 않게 크림소스와 부드럽고 깊은 맛의 하모니를 이룬다. 살짝
조리된 루바브와 근대의 식감은 요리의 숨겨진 매력 중 하나다.

가리비 사시미

Scallop Sashimi

입에 척척 들러붙는 부드러운 가리비 살점은 씹을수록 고소하니 달다. 계속 씹다보면 달짝지근한 파프리카와 빨간 스페인 고추, 칠리오일이 혀끝을 기분 좋을 정도로 알싸하게 만든다. 짜릿하게 씹히는 아삭한 양파 피클, 고소한 피스타치오와 향긋한 민트, 귤의 상큼함이 담백한 가리비 맛의 정점을 찍는다. 캘리포니아의 봄의 향연을 닮은 화려한 맛이다.

생크림, 사브레 브르통, 아몬드 피낭시에,
밤 잼, 바닐라 무스

Crème Fraîche, Sablé Breton, Almond Financier, Chestnut Jam, Vanilla Mousse

프로비던스 파티스리 셰프 데이빗 로드리게즈David Rodriguez의 몽블랑을 닮은 겨울 디저트다. 프랑스식 쇼트 브레드인 사브레 브르통과 작은 밤덩어리가 달짝지근한 밤 잼, 아몬드 피낭시에를 바닐라 무스가 부드럽게 감싸 안았다. 입안에서 얇게 부서지는 머랭의 질감과 요거트처럼 새콤하고 달달한 바닐라 무스가 사각사각 하얀 눈밭을 밟는 듯한 겨울 풍경을 선사한다.

providence
Michelin **
www.providencela.com
+1 323 460 4170
5955 Melrose Avenue, Los Angeles, CA 90038, USA
lunch Fri 12:00–2:00p.m.
dinner Mon-Fri 6:00–10:00p.m. Sat 5:30-10:00p.m. Sun 5:30–9:00p.m

이탈리아 퀴진의 개혁가
구알티에로 마르케시

Gualtiero Marchesi

1930년 기탈리아 딜라노 출신
1948년 스위스 KulmHotel, Saint Moritz – Ecole Hôteliere 수료.

CAFFÈ
TEATRO ALLA SCALA
il Marchesino
by
Gualtiero Marchesi

프랑스에 폴 보퀴즈가 있다면, 이탈리아에는 구알티에로 마르케시가 있다. 폴 보퀴즈가 프랑스 퀴진의 전통성을 이어가는 보수파라면, 구알티에로 마르케시는 이탈리아 모던 퀴진의 새로운 시대를 연 혁명파다. 스위스 호텔학교와 프랑스 유명 레스토랑에서 트레이닝을 마친 젊은 청년 마르케시는 1977년 밀라노로 돌아와 자신의 레스토랑 라 리바la Riva 오픈 1년 간에 첫 미슐랭 스타를, 그다음 해인 1978년에 두 번째 미슐랭 스타를 받았다. 그리고 1985년 미슐랭 가이드는 그동안 연례에 없던 프랑스 셰프가 아닌 이탈리안 셰프 마르케시에게 미슐랭 3스타를 안겼다. 그 후 암브로기노Ambrogino d'Oro, 1986, 페르소넬리테Personnalité de l'année for gastronomy, 1989, 슈벨리에Chevalier des Arts et des Lettres, 1990, 코메다토레Commendatore della Repubblica, 1991, 롱고바르도Longobardo d'Oro, 1999 등 세계적인 수상 기록을 달성하며 이탈리아 대표 셰프가 된다. 하지만 마르케시는 2008년 미슐랭 가이드의 공정성에 소신 있는 발언과 동시에 미슐랭 스타를 거부하였고, 미슐랭 가이드는 그를 제명시켰다. 이를 계기로 마르케시는 미식 가이드 시스템의 문제점을 수면 위로 끌어올리며 소신을 펼쳐 개혁가로 추앙받는다. 구알티에로 마르케시는 몇 년 전 이탈리아 맥도날드의 메뉴 개발 프로젝트에 참여하여 파인 다이닝 순수파와 비평가들 사이에서 끊임없는 논란의 대상이 되기도 했다.

전 세계 스타 셰프들의 멘토이자 이탈리아 요리 교육가이기도 한 구알티에로 마르케시를 만나고자 밀라노를 찾았다. 밀라노 스칼라 극장은 밀라네즈 상류층과 위대한 음악가들이 사랑하는 아지트다. 푸치니의 오페라 〈나비 부인〉을 초연한 곳으로 유명한 극장 1층에는 극장만큼이나 유명한 셰프 구알티에로 마르케시의 대중적인 파인 다이닝 레스토랑 마르케시 알라 스칼라Marchesi alla Scala가 있다. 이탈리아 유명 건축가 무케티Mucchetti와 마르케시가 스칼라 극장의 연장선상에서 인테리어 콘셉트를 잡고 꾸민 레스토랑은 오픈키친과 다이닝 홀로 나뉘어져 있다. 셰프가 직접 수집하거나 선물받은 예술품들이 코너마다 걸려 있는 홀은 마치 작은 프라이빗 갤러리를 연상시킨다.

빛나는 백발에 점잖은 슈트 차림의 셰프가 레스토랑에 나타났다. 이탈리아 퀴진의 개혁자인 노장은 아흔을 바라보는 나이가 믿어지지를 않을 정도로 자신감이 넘치고 열정적이었다.

셰프의 길을 걷게 된 계기는.

부모님이 호텔을 경영하셨고, 저도 스위스에서 호텔리어 트레이닝을 받았습니다. 졸업 후 부모님이 운영하시는 메르카토Mercato 호텔의 패밀리 레스토랑에서 일을 시작했고, 이탈리아 전통을 중시하는 아방가르드 퀴진을 개발하면서 이름을 알리기 시작했습니다.

자신이 생각하는 구알티에로 마르케시는 누구인가.

저는 과거에 셰프였지만, 현재는 셰프가 아니에요. 셰프는 주로 주방에서 요리를 하지만 저는 그 밖의 공간에서 아이디어를 연구합니다. 쉽게 설명하면 뮤직 콘서트의 지휘자 같은 역할이지요. 셰프 업무 대부분은 레스토랑에서 이루어지고, 그곳에서 진행해야 할 임무와 책임이 많지요. 하지만 저는 키친 안과 밖에서 요리에 대한 콘셉트, 재료 선택, 조리 방법, 디스플레이 등 모든 과정을 제 철학에 맞게 접근하고 통괄하는 디렉터입니다.

당신의 메뉴는 예술과 관계가 깊다.

저는 예술을 사랑합니다. 그림, 오페라, 클래식 음악 등…. 예술은 제 인생 자체라고 말할 수 있어요. 가족 대부분이 음악가이고, 저 또한 한때 피아니스트가 되고 싶었어요. 현재는 아내가 그 꿈을 대신하고 있어 만족합니다. 예술은 끊임없이 제 창의력을 성장시킵니다. 셰프는 요리를 통해 자신을 표현하는 아티스트라고 생각해요.

한 가지 메뉴가 탄생되기까지의 과정이 궁금하다.

모든 것은 예술에서 시작됩니다. 제가 영감을 받은 그림이나 음악에서 아이디어가 떠오르죠. 먼저 영감을 받은 예술 작품에 대한 분석과 이해를 메뉴의 재료, 맛, 색상, 향, 질감, 디자인 등으로 표현합니다. 내가 표현하려는 바가 다이너들에게 분명히 전달되어 그들과 소통할 수 있어야 합니다. 저는 간단한 재료와 조리법을 지향합니다. 복잡한 요리 앞에서 길을 잃고 당황스러워하는 다이너가 있다면, 셰프의 일방적인 커뮤니케이션의 실패지, 다이너의 무지에서 비롯된 것이 아닙니다. 요리는 셰프의 예술 작품이자 언어입니다. 그 철학이 어떻든 콘셉트가 어떻든 셰프가 전달하려는 바가 분명히 다이너에게 받아들여지는 것이 메뉴의 성공이라고 생각합니다.

마르케시 요리로 표현되는 작품 스타일은.

마르케시 스타일의 요리는 모던 이탈리아로 분류되죠. 각 시대에 맞는 상상력, 즉흥성 같은 문화적 코드는 전통이 가진 보수성이나 한계를 자유롭게 합니다. 이탈리아 전통 요리를 바탕으로 제 삶의 경험이 응용 변수로 작용하죠. 젊은 시절에 배운 프렌치 테크닉이나, 개인 취향으로 공부하기 시작한 일본 가이세키 요리 문화가 제 작품의 변수였어요. 특히 가이세키 요리에서 배운 대조와 조화는 현재 제가 추구하는 작품 콘셉트에 커다란 영향을 주었습니다.

처음으로 예술이라 칭했던 메뉴는.

캐비아를 곁들인 스파게티예요. 차가운 스파게티 위에 한 스푼의 캐비아와 약간의 차이브를 얹은 심플한 메뉴죠. 강한 풍미를 가진 캐비아와 소박한 스파게티의 조화는 그야말로 예술입니다.

마에스트로가 이룬 최고의 성취는.

사람들은 제가 표면적으로 이룩한 업적이나 수상 기록을 이야기할 거라 생각하지만, 한번도 그런 성취가 목표인 적은 없었어요. 최고의 성취라…. 대답하기 어렵네요. 지금까지 다양한 프로젝트를 진행해왔다는 과정 자체가 훌륭한 성취 아닐까요?

최고의 셰프를 꼽자면.

제가 아닐까요? 농담이에요. 제 메뉴에는 언제나 새로운 아이디어가 있고 심플해요. 꼭 한 명을 찍어 최고의 셰프라고 말할 수는 없지만, 분명 저의 모던 이탈리아 퀴진에 대해서는 자부심이 강한 편이에요.

2008년 미슐랭 스타를 거절한 이야기가 궁금하다.

미안합니다. 이미 오래된 이야기이고, 다시 거론하고 싶지 않네요.

특별히 자주 찾는 레스토랑이 있는가.

1968년 트로와그로Troisgros 형제의 레스토랑이 최고였어요. 그저 완벽할 뿐이었죠. 제 요리 인생에 깨달음을 얻은 성지 같은 곳입니다. 다만 지금 더 이상 그런 경험을 할 수 없다는 사실에 많이 안타까워요.

한국 음식 문화에 대한 당신의 생각은.

한국 음식 문화의 영향력이 점차 세계적으로 높아지고 있다는 소식은 접한 적 있지만, 솔직히 개인적으로는 아는 바가 전혀 없습니다. 아시아 음식은 분명 이탈리아 사람인 제게도 커다란 호기심의 대상입니다. 유럽에서 일본이나 중국의 요리에 대한 정보는 찾기 쉬운 편인데, 한국 요리에 대한 정보는 찾아보기가 힘들어요. 특히 밀라노에서요. 현재 준비 중인 프로젝트 따 문에 바쁜 일정이지만 당신의 인터뷰를 흔쾌히 승낙한 것도 한국이라는 새로운 세상을 만나고 싶었기 때문이에요. 한국의 음식 문화를 배울 기회가 있다면 저를 꼭 초대해주세요. 제가 한국에 가서 직접 요리를 하진 않겠지만 분명 저의 철학과 교류할 수 있는 부분이 있을 거라 믿습니다.

셰프를 꿈꾸는 이에게 한마디.

셰프라는 직업을 선택하기 이전에 곰곰이 잘 생각해보세요. 셰프는 밤낮이 따로 없는 힘든 직업입니다. 결코 만만하게 생각하면 안 될 직업이지요. 셰프가 되었다면 끊임없이 관찰하고 배우세요.

전 인류의 역사를 통틀어 시대를 바꾸려 한 개혁가들의 인생은 말도 많고 탈도 많다. 그만큼 기존 관념과 가치를 바꾼다는 것은 상상 이상의 에너지를 필요로 하는 어려운 일이다. 이탈리아 전통에 획기적인 변화를 선도하면서 모던 퀴진을 시작한 셰프 구알티에로 마르케시. 그가 보여준 자신감과 열정은 강렬했다. 아흔을 바라보는 나이에도 활발한 집필 활동과 디렉팅 프로젝트를 병행하는 그는 셰프가 아닌 거장으로 전 세계에 알려져 있다.

골드 사프란 리소토

Riso, Ore e Zafferano

구알티에로 마르케시의 시그니처 디시. 이탈리아 아방가르드 예술가 피에로 만조니Piero Manzoni의 작품에서 영감을 받아 개발했다. 샛노란 사프란소스 위에 금박 종이를 얹은 플레이팅은 지금까지도 이탈리아 모던 예술에서 모던 퀴진의 아이콘으로 거론될 만큼 혁신적이다. 카르나롤리 라이스, 버터, 파르메산, 사프란, 드라이 화이트 와인의 균형 있는 맛의 조화가 섬세하고 독특하다. 이탈리아산 사프란의 향에 친숙하지 않은 한국인에게는 조금 낯설게 다가올 수도 있지만, 절제된 재료에서 찾아낸 맛의 포인트는 주목할 만하다.

적과 흑

Il Rosso e il Nero

이탈리아 화가이자 조각가인 루시오 폰타나_{Lucio Fontana}의 작품 세계가 투영되어 개발한 메뉴로, 마에스트로의 조형미가 단연 돋보인다. 차가운 토마토 베이스 수프 위에 우뚝 솟은 아귀 살 위에는 오징어 먹물소스가 정점을 찍는다. 레드 페퍼와 토마토소스, 오이, 타바스코, 우스터소스의 어울림이 인상적인 가스파초 스타일의 수프는 새콤함과 아귀 살의 담백함이 어울려 색다른 센세이션을 준다.

스파게티 튀김을 얹은 마살라 자바이오네

Marsala Zabaione with Fried Rice Noodles Spaghetti

마치 현대 미술 조각상을 닮은 메뉴는 마르케시가 즐겨 먹는 디저트다. 이탈리아 시칠리아 섬의 달콤한 마살라 와인과 달걀노른자, 설탕, 더블크림 등을 넣어 만든 자바이오네는 이탈리아 전통 디저트다. 190℃ 피넛오일에 튀긴 라이스 스파게티는 바삭한 질감과 고소한 맛이 신선하다. 커스터드보다 묵직한 질감의 자바이오네에 스파게티 튀김을 찍어 먹는 발상이 재미있다.

RISTORANTE MARCHESI ALLA SCALA DI GUALTIERO MARCHESI
www.marchesi.it/ristoranti/il-marchesino
+39 02 7209 4338
Filodrammatici, 20121 Milano MI, Italy
Mon-Sat 8a.m.-10:30p.m.

테이블의 평등주의
크리스티안 로제

Christian Lohse

1967년 독일 바드 오안 하우젠 출신

독일의 수도 베를린은 과거 냉전시대의 상징이었지만, 지금은 유럽 신흥문화의 중심지로 거듭나고 있다. 젊은 세대가 살고 싶어하는 도시, 예술이 살아 있는 도시, 문화 트렌드를 이끄는 도시로 변모하며 세계 각국에서 새로운 베를린을 찾는 발길이 끊이지 않는다. 그 결과, 베를린의 보수적이던 음식 문화 역시 도시 발전에 발맞춰 다양성이 공존하기 시작했다. 유럽 음식을 비롯한 아프리카, 아메리카 대륙의 음식은 물론 아시아까지. 다양한 장르의 레스토랑은 이미 성황기를 넘어 안정기에 접어들었고, 파인 다이닝은 지금 상승세를 그리고 있다. 도시의 중심 겐트아르멘마르크트 광장Gendarmenmarkt Square에 베를린 오트 퀴진의 발전을 이끈 스타 셰프 크리스티안 토제의 레스토랑이 있다. 리전트 호텔의 로비에 위치한 레스토랑 피셔스 프리츠Fischers Fritz. 이곳은 베를린을 방문하는 이방인뿐만 아니라 독일의 정치·경제·문화·예술인들의 모임 장소로 손꼽히는 곳이다.

스타 셰프 크리스티안 로제는 1987년부터 미슐랭 3스타 레스토랑 프랑스 베즐레이Vezelay의 레스페랑스L'Espérance, 파리의 기 사부아Guy Savoy, 영국 런던의 더 도체스터The Dorchester, 브루나이Brunei의 술탄이 선택한 프라이빗 셰프로, 차분히 경력을 쌓으며 유명 셰프 반열에 오르게 되었다. 그 후 셰프는 금의환향해 현재는 미슐랭 2스타 파인 다이닝 레스토랑 피셔스 프리츠를 지키고 있다. 베를린의 오트 퀴진을 이끄는 셰프 크리스티안을 만나러 호텔을 찾았다.

리젠트 호텔 로비에 위치한 레스토랑은 고급스럽다. 세계에서 다섯 세트만 존재한다는 크리스토플레Christofle의 랍스터 프레스가 마치 이곳의 위용을 대변하는 듯했다. 다이닝 홀은 이른 시간임에도 전 독일 총리를 비롯한 유명 인사들의 오찬 회의로 빈 좌석이 없었다. 레스토랑을 찾아온 모든 손님 테이블 사이를 오가며 일일이 인사하는 셰프 크리스티안 로제가 보였다. 강인한 손을 가진 셰프가 나에게 악수를 청했다. "좋은 아침입니다. 크리스티안입니다."

189

레스토랑이 유명 인사들로 꽉 찼다.

음식 앞에 유명 인사가 따로 있나요? VIP, VVIP는 없고, 더더욱 VVVIP도 없죠. 그렇기 때문에 레스토랑은 늘 손님으로 가득 찹니다. 우리 모두 진보적 교육을 받지 않았나요? 모든 사람은 평등합니다. 그러므로 우리 레스토랑을 찾은 모든 손님은 귀하죠. 다양한 사람들이 어울릴 수 있는 열린 레스토랑을 만들고 싶습니다.

베를린 오트 퀴진을 이끄는 리더다.

부담스러운 수식어예요. 리더라…. 저 혼자 베를린 오트 퀴진을 책임지고 싶지는 않은데요. 베를린에 이미 훌륭한 파인 다이닝 셰프들이 많아요. 물론 앞으론 더 많아지겠죠. 우리 모두가 지금 세대를 이끄는 리더라고 생각합니다.

독일인으로서 프랑스 요리를 한 계기는.

이탈리아, 프랑스 여행을 다니며 유럽 요리에 상당한 매력을 느꼈어요. 유럽 음식 문화의 기본은 역시 프랑스입니다. 처음엔 독일에 있는 프랑스 요리 학교에서 공부를 하려고 했는데, 어차피 프렌치 요리를 할 바엔 본토에서 직접 배우는 게 맞다는 판단이 들었습니다. 1987년 프랑스 디종에서 요리를 배우기 시작했죠. 프랑스 유학 생활이 처음에는 무척 고됐어요. 타향살이가 쉽진 않잖아요. 하지만 지금까지 지독하게 요리와 사랑에 빠져 있는 저를 보면 고생 끝에 낙이 온다는 말이 맞는 것 같아요. 왜 독일인이 독일 요리를 하지 않느냐는 질문을 종종 들은 적이 있는데, 저는 독일인이기 이전에 유럽 사람입니다. 유럽 대륙, 독일 지역에 태어난 유럽인이죠. 독일에서 몇 시간만 운전하면 프랑스, 이탈리아, 스위스 등 다양한 유럽 문화권을 마주합니다. 유러피안으로 유럽 요리의 기본인 프렌치 퀴진을 한다는 데 또 다른 이유는 필요하지 않다고 생각해요.

자신의 이름을 내걸지 않고 호텔과 협업한 이유는.

저는 아주 현실적인 사람입니다. 거의 머일 레스토랑 60석은 손님으로 가득 차 있어요. 겉으로 보기엔 이득을 많이 남기는 것처럼 보이지만 실상은 그렇지 않습니다. 아무리 계산기를 두드려봐도 답이 나오지 않는 비즈니스였어요. 만약 저 혼자 레스토랑을 운영했다면, 모든 운영 비용을 제하고 함끼 일하는 팀에게 좋은 컨디션의 근무 조건을 주기에는 경제적으로 무리수가 많았죠. 단지, 제 이름의 레스토랑을 갖기 위해 함께 고생하는 팀원들의 근무 처우를 희생시키고 싶지 않았어요. 오히려 안정된 환경을 제공할 수 있는 호텔과 함께 윈윈 시스템을 선택한 것이 최선이었다고 생각해요. 저 혼자 주목받는 스타 셰프가 되는 것은 의미가 없죠. 셰프로서의 저도, 저와 함께 일하는 팀도, 그리고 이곳을 찾아주는 고객도 함께 웃을 수 있다면 그보다 더 만족할 조건이 없다고 생각합니다. 아버지의 암 병환을 간호하면서 누군가를 행복하게 하고, 웃게 한다는 것이 얼마나 힘든 것이고 값진 일인지 배우게 되었어요. 큰 깨달음이었죠. 제 요리를 통해 저희 팀고 레스토랑을 찾아주는 고객을 웃게 만들고 싶어요. 제겐 스타 셰프란 호칭보다 더 중요한 가치입니다.

피셔스 프리츠의 키친 콘셉트는.

새로운 전통을 창조하는 해산물 중심의 프렌치 요리입니다. 너무 길고 복잡하게 이야기한 것 같아 죄송해요. 다시 쉽게 설명해볼게요. 개인적으로 전통은 참 아름다운 것이라고 생각해요. 그리고 개인적인 해석을 통해 현대적으로 승화된 전통은 더 아름답다고 생각합니다. 그것은 전통을 잃는 것이 아니라 새로운 전통이라는 문화유산을 창조하는 일이죠. 전통 프렌치 요리에 저만의 개성과 동시대적인 스타일을 더해 새로운 전통을 만들고 있습니다.

당신만의 요리 노하우가 있다면.

훌륭한 셰프들이 이미 많이 언급했겠지만, 사실 특별한 노하우는 없습니다. 하지만 신선한 재료를 발견하는 안목은 매우 중요해요. 식자재가 훌륭하다면 가공하거나 변형할 필요가 없습니다. 재료 자체의 성질을 있는 그대로 혹은 그것 이상으로 발현시키는 것이 바로 좋은 조리법의 기본이라고 생각해요. 저는 분자요리에 대한 매력을 그다지 느끼지 못합니다. 예를 들어, 신선한 새우 요리를 한다면 새우만의 향과 질감에 집중해 조리하고 싶어요. 새우 맛이 나는 다른 것을 만들고 싶진 않습니다.

그렇다면 신선한 식재료를 발견하는 안목이란.

먼저 좋은 품질을 인지하기 위해서는 안목에 대한 이해가 필요합니다. 안목은 쉽게 학습할 수 있는 것이 아니죠. 사람의 일생에 걸쳐 학습되는, 아주 오랜 시간이 걸리는 훈련입니다. 5년 전부터 아스파라거스에 대해 깊이 파고들었어요. 종자, 색깔, 토양의 재질, 기후 등 다양한 자료를 조사하고, 시장이나 농장에 가서 다양한 아스파라거스의 맛을 보고, 전문가와 이야기도 나눠보구요. 물론 다양한 조리법으로 요리도 해보았습니다. 그전에는 수백 번 아니 수천 번 아스파라거스를 먹어도 알 수 없었던 숨겨진 맛과 향이 보이기 시작했습니다. 다양한 경험을 통해 감각을 자극하고 학습하는 훈련은 안목을 키워줍니다. 각기 다른 식재료는 다른 안목을 필요로 합니다. 평생 훈련이라 생각하고 오늘도 새로운 식재료를 만나고 있습니다.

키친에서 중요한 덕목은.

일관성입니다. 어떤 기발한 메뉴를 개발하든지, 훌륭한 팀원을 영입하든지, 새로운 테크닉을 배우든지 그것은 중요하지 않은 것 같아요. 처음 그대로의 품질과 철학으로 우리 시스템 안에서 지속 가능하게 수행할 수 있느냐가 중요합니다. 그럴 수 없다면 어떤 훌륭한 것이라도 우리 키친 안에 받아들이지 못하죠. 마치 제게 맞지 않는 명품을 입는 것과 같아요. 일관적이지 않은 것은 프로가 아닙니다.

답변이 직선적이고 호탕하다. 크리스티안은 어떤 사람인가.

저는 아주 거만했어요. 15년 전이라면 인터뷰도 안 했을 거예요. 셰프가 되는 과정은 고됩니다. 9년 동안 매일 네 시간만 자고 미친듯이 일했어요. 마치 좀비 같았죠. 나를 어떻게 사랑해야 할지 몰랐고, 남을 배려할 줄도 몰랐어요. 누구에게나 공격적이고 닫혀 있었죠. 몇 년간 나를 제대로 돌보지 못해 호되게 병치레도 했습니다. 삶과 죽음을 생각하고, 나 자신이 원하는 삶, 내가 꿈꾸는 나의 모습을 생각하게 되었죠. 그 결과, 조금씩 자신을 바꾸기 시작했어요. 일을 줄이고 나를 위한 시간을 투자하고 남과 함께 나누는 여유를 가지려고 노력했습니다. 지금은 매일 좋은 사람이 되기 위해 노력하는 사람이 바로 저 크리스티안 로제입니다.

크리스티안이 생각하는 최고의 성과는.

저희 팀의 인격적인 소통 방법과 팀워크입니다. 지난 15년 동안 키친에서 큰소리 난 적이 한번도 없죠. 셰프가 군대식으로 강경한 리더십을 발휘하기도 하지만, 저는 자유방임으로 이끌고 있어요. 제가 인격적으로 다듬어지지 않았을 때는 엄격한 리더십이 옳은 길이라 생각했습니다. 물론 그 결과는 혹독했죠. 팀을 만들 수 없었어요. 스태프들이 하루가 멀다 하고 일을 그만두었죠. 다행히 지금은 아무도 우리 팀을 떠나고 싶어 하지 않아요. 요리는 예술이고 창의력을 필요로 하는 일입니다. 군대식 리더십은 팀의 창의력을 저지한다는 것을 경험을 통해 배웠어요.

더 나은 셰프가 되기 위해 특별히 배우고 싶은 것은.

세계는 넓고 다양하죠. 아시아의 채소와 유럽의 채소는 종이 같다 해도 맛이 다르고, 전혀 다른 먹거리가 될 수 있어요. 처음 프랑스에 가서 언어와 문화를 배우려고 노력했지만, 그들의 유머를 이해하고 함께 웃을 수 있기까지 1년 이상이 걸렸어요. 저는 다양성에 대해 아는 것이 전혀 없어요. 세상의 다른 문화를 배우고 안목을 넓히고 싶습니다. 또 다른 하나는 인생을 자연스럽게 받아들이는 법을 배우고 싶어요. 레스토랑은 다양한 사람들이 모여 일하는 곳입니다. 사람들이 많은 곳엔 예상치 못한 실수나 사고가 일어나기도 하죠. 그게 사람이잖아요. 이를 당연하게 여기고 용서하려는 관용을 더 배워야 할 것 같아요.

추천하고 싶은 먹거리는.

와인이요. 와인은 보조 코스가 아니라 프렌치 레스토랑에서 빠져서는 안 되는 매우 중요한 코스 중 하나입니다. 와인을 추천할 때는 여러 가지 조건을 고려해야 하는데, 개인적으로 좋아하는 와인은 Le Montrachet - Domaine Leflaime 1986, Hermitage La Chapelle 1961입니다.

세 번째 미슐랭 스타를 기대하는가.

이 질문은 저한테 물어볼 것이 아니라, 미슐랭에 물어봐야 할 것 같은데요. 만약 세 번째 미슐랭 스타를 받게 된다면…. 저는 두렵지 않습니다. 저희 레스토랑 운영 원칙은 미슐랭 시스템과 전혀 관련이 없습니다. 미슐랭 스타를 받고 싶다고 간절하게 바라거나 묻지 않죠. 그것은 미슐랭이 할 일이고, 미슐랭의 결정일 뿐이잖아요. 레스토랑 운영에 있어 미슐랭 스타보다 더 우선시되어야 하는 것들이 많습니다.

함께 일하고 싶은 이상적인 스태프는.

주어진 일을 능숙하게 처리하고 진보적으로 생각하는 사람이요. 주어진 일에만 너무 치중한 나머지 자신의 창의력을 펼치지 못하는 사람들을 많이 보았습니다. 자신의 능력을 자유롭게 발휘하면서 정해진 과제를 훌륭하게 해내는 사람이 탐나는 인재죠.

10년 후 당신의 모습은.

제 인생에 레스토랑으로 출근하지 않는 날이 온다면 공황이 올 것 같아요. 그래서 생각해보았죠. 10년 후쯤엔 작은 프라이빗 레스토랑을 열면 좋을 것 같아요. 요리 강습도 하고 다른 셰프들과 함께 이벤트도 하는 자유로운 멤버십 다이닝 클럽이요.

하고 싶은 말을 하나도 빼먹지 않고 또박또박 이야기하는 그의 눈빛이 상당히 강했다. 셰프 크리스티안은 쉬운 인터뷰 상대가 아니라고 성각했다. 하지만 두 시간이 넘게 진행된 인터뷰를 통해 나와 마주한 그의 강직함과 솔직함에는 이유가 있었다. 모든 사람은 셰프의 요리 앞에서 평등하고 행복해야 한다는 이야기. 이것이 그가 보내는 메시지였고, 그가 세상에 알리고 싶은 신념이었다. 안타깝게도 2018년 1월에 셰프 크리스티안이 레스토랑 피셔스 프리츠를 떠났다는 소식을 들었다. 새로운 계획을 물었더니 아직은 이야기할 수 없다는 회신이 왔다. 혹시나 셰프가 작은 프라이빗 레스토랑을 준비하고 있는 건 아닌지, 그의 신념이 이루어질 새로운 레스토랑을 기대해본다.

소금, 고추와 고수를 곁들여 구운 브르통 랍스터

Breton Lobster Roasted with Salt, Chili and Coriander

브르통 랍스터(블루 랍스터)는 노르웨이와 모로코 사이 대서양에서 소량(전체 랍스터 중 5%)만 포획
되는 최상급 랍스터다. 셰프는 살이 꽉 차오른 브레튼 랍스터를 고추, 다진 마늘과 함께 버터에 볶아
최상급 랍스터의 담백하고 순수한 맛을 살렸다. 은은한 바다 향과 고소한 버터 향이 가득한 커다란
랍스터 살이 향긋한 고수, 톡 쏘는 고추와 잘 어우러졌다.

스모크 장어와 푸아그라 테린

Terrine of Foie Gras and Smoked Eel

푸아그라를 초콜릿 바처럼 재미있게 만들고 싶었던 셰프 크리스티안. 페퍼가 살짝 들어간 설탕, 푸아그라, 훈제 장어 레이어의 테린 바를 선보였다. 달달한 가지 잼과 담백한 푸아그라의 부드러운 조화와 고소한 훈제 장어의 향이 근사하다.

자몽 마멀레이드, 모차렐라와 바질을 곁들인 독일식 프렌치 토스트

"Verlorenes Brot" with Grapefruit Marmelade, Mozzarella and Basil

셰프 크리스티안 로제의 프렌치 토스트는 디저트다. 정제 버터로 팬에서 가볍게 구운 브리오슈의 겉은 얇은 과자처럼 바삭하고 속은 실크처럼 부드럽다. 크리미한 버팔로 모차렐라 퓌레, 달콤 쌉쌀한 바질과 상큼하게 터지는 세 가지 자몽(슈거파우더에 절인 자몽, 생자몽, 자몽 껍질)이 우아한 식사의 마지막을 장식한다.

Fischers Fritz
Michelin **
www.fischersfritzberlin.com
+49 30 2033 6363
Charlottenstraße 49, 10117 Berlin, Germany
dinner 6:30-10:30p.m.

benu

첫 번째 미슐랭 3스타
한인 셰프
코리 리

Corey Lee

1977년 대한민국 서울 출신
1983년 미국 이주

2015년 미슐랭 가이드에 첫 한인 미슐랭 3스타 셰프 탄생을 기억한다. 떠오르는 별과 떨어지는 별의 희비가 교차하는 가운데 코리 리 셰프의 레스토랑 베누BENU가 마지막 별을 획득했다. 마침내 첫 한인 미슐랭 3스타 셰프가 탄생한 순간이었다. 뉴욕 소호의 레스토랑 블루 리본Blue Ribbon에서 우연한 기회로 요리를 시작하게 된 코리 리는 유럽으로 건너가 피에드 아 테르Pied à Terre, 사보이 그릴Savoy Grill, 라 단테 클레어La Tante Claire, 오크 룸Oak Room에서 파인 다이닝을 배우게 된다. 그 후 미국으로 돌아와 스타 레스토랑 레스피나스Lespinasse, 다니엘 블루Daniel Boulud, 프렌치 런드리French Laundry에서 경력을 쌓았다. 2006년 제임스 비어드 재단James Beard Foundation에서 '라이징 스타 셰프'로 선정된 그는 프렌치 런드리에서 보낸 9년이라는 긴 수련의 기간을 마무리하고 2010년 샌프란시스코 중심가에 레스토랑 베누를 오픈한다. 베누는 오픈과 동시에 〈와인 스펙테이터〉, 〈샌프란시스코 크로니클the San Francisco chronicle〉, 〈뉴욕 타임스〉 등 많은 매스컴의 찬사를 받으며 샌프란시스코 파인 다이닝 트렌드에 센세이션을 일으킨다.

코리 리를 만나기 위해 샌프란시스코의 생동감 넘치는 문화지구 소마SOMA에 위치한 레스토랑 베누를 찾았다. 레스토랑 외부로 보이는 커다란 창문으로 분주하게 오가는 스태프들의 역동적인 모습은 행인들의 발길을 붙잡는다. 나 역시 잠시 넋을 놓고 바라보는 1인이 될 정도로 압도적인 분위기였다. 점심 시간이 지난 오후 3시의 다이닝 홀은 비교적 한산했다. 난색 계열의 자연 소재로 세련되게 꾸민 인테리어와 광주요에서 특별히 베누를 위해 제작한 그릇은 전통과 현대의 중도를 보여주는 듯하다. 뜨거운 키친의 열기를 뚫고 셰프가 나타났다. 한국말보다 영어가 편하다는 셰프와 몇 마디 대화를 나눠보았는데, 그의 한국말은 생각보다 유창했다.

어려서 미국으로 이민을 갔다.

제가 7살 때 건설회사에서 일하시던 아버지가 뉴욕으로 발령이 나셨어요. 가족 모두 미국으로 이민을 가게 되었죠. 그때를 떠올리면 새록새록 기억이 많아요. 지금까지도 감탄하는 대목은, 바로 어머니예요. 미국에 처음 가셨고 영어를 한 마디도 못 해서 미국 생활에 적응하기 많이 힘드셨을 텐데, 단 한번도 힘든 내색을 하지 않고 씩씩하게 자녀 셋을 키우셨죠. 우리 삼남매에게 한국 문화를 접할 수 있는 유일한 매개체는 어머니가 집에서 차려주던 밥상이었어요. 아직도 그때 어머니가 해주던 음식 냄새, 소리, 풍경은 기억 속에 선명하게 남아 있어요.

원래 셰프가 되고 싶었나.

셰프가 되고 싶다고 특별히 생각한 적은 없어요. 누와 다른 의견을 듣고 토론하고 내 주장을 남에게 증명하여 설득하는 과정이 흥미로워, 한때 변호사가 되고 싶었죠. 지금 저는 변호사가 아닌 셰프잖아요. 셰프로서 요리를 통해 토론하고 증명하고 설득하는 과정을 즐기고 있습니다.

처음 요리하겠다고 했을 대 가족들의 반응은.

아버지는 같은 세대 어르신들에 비해 열린 사고를 가진 분이세요. 제가 하고 싶어 하는 일에 많이 지원해주세요. 반면 어머니는 반대가 심하셨죠. 의사나 교사 같은 안정적이고 일반적인 직업을 선택하면 좋겠다고 말씀하셨죠.

요리 학교에서 공부하고 싶은 욕심은 없었나.

한국 사회에서 정규 교육 과정을 중요시한다는 것은 잘 알고 있습니다. 하지만 모든 분야가 정규 교육 과정이 있다거나 반드시 그것을 따라야 하는 것은 아니라고 생각해요. 특히 요리는 학력보다 키친에서의 경험, 즉 경력이 우선시됩니다. 그렇다고 셰프가 되기 위해 요리 학교 진학을 준비하는 것이 굳이 나쁘다고 생각하지는 않습니다. 단, 그것이 자신이 처한 환경에서 가능하다면 말이죠. 저의 경우 요리 학교는 사치였어요. 열일곱에 우연히 시작한 아르바이트가 레스토랑이었고, 주방에서 일하는 것이 즐거웠어요. 저에게 필요한 수업은 이미 현장에서 이루어졌고, 운 좋게도 적절한 시기에 첫발을 잘 내디뎠던 것 같아요. 중간에 일하다가 요리 학교 진학을 고려한 적도 있지만 학비는 여전히 부담스러운 숙제였죠. 요리 학교 졸업 후 제가 일하는 레스토랑의 인턴으로 근무를 시작하려는 졸업생들을 보았을 때, 굳이 제가 잘하고 있는 실무 경험을 멈추고 학업을 다시 시작할 필요는 없다고 확신했습니다. 사람은 각기 다른 방법으로 진로를 결정하고 그 과정을 선택하잖아요. 각자 자기에게 맞는 방법이 정답인 것 같아요. 현장 경험이 제게는 올바른 선택이었습니다.

한인 셰프 최초 미슐랭 3스타 달성을 축하한다.

고맙습니다. 사실 한인으로서 첫 번째 미슐랭 3스타 셰프가 된 것보다는 베누에서 끊임없이 시도했던 한국적인 맛과 테크닉이 인정을 받은 것 같아 더 기뻐요.

요즘 레스토랑에서 보내는 시간은 얼마나 되는가.

전에는 20시간 이상 일했는데 요즘에는 평균적으로 하루 15시간 이상 일하는 것 같아요. 18시간 정도? 그 시간도 부족하게 느껴질 만큼 일하는 게 즐거워요.

레스토랑 베누의 스타일이란.

샌프란시스코 스타일! 도시 인구의 약 40%는 아시아인입니다. 샌프란시스코는 혁신적이고 새로운 기술을 선도하는 리더형 도시죠. 자유를 지향하고 모든 가능성에 열려 있어요. 베누도 마찬가지입니다. 단지 동양스, 서양식, 혹은 전통식, 퓨전식 같은 일반화된 카테고리로 분류될 수 없습니다. 저는 이민자입니다. 한국에서 태어났고 한국 가정에서 교육받아 동양 문화도 가지고 있지만, 미국에서 성장했기 때문에 서구적인 성향도 내재되어 있어요. 긍정적으로 보면 이민자라는 두 가지 문화권의 혜택 때문에 요리에 응용할 수 있는 역량은 비교적 넓습니다. 몇몇 사람들은 동서양 문화권을 동시에 가진 셰프의 장르를 퓨전에 국한시키는 경우가 있어요. 하지만 제 생각은 다릅니다. 프렌치 테크닉에 한국적인 재료를 넣거나, 한국 요리인 된장찌개나 김치찌개에 미국식 소스를 넣는 것이 베누의 스타일이 아니에요. 이미 우리 모두가 알고 있는 방법을 조금씩 접목해서 보여주는 것은 제겐 의미가 없습니다. 새로운 구성과 독특한 스타일이 셰프의 정체성을 통해 고스란히 표현되어야 합니다.

특별히 기억에 남는 메뉴는.

도토리 가루를 이용한 메뉴가 생각이 나네요. 도토리 가루로 크레페나 파스타 등 다양한 형태의 반죽을 시도했었죠. 도토리는 전 세계 다양한 곳에서 나지만, 과거 미국에서는 네이티브 아메리칸과 북캘리포니아 사람들만 주로 식용으로 사용했습니다. 그리고 현재는 한국 사람들이 주로 먹거리로 0 용하죠. 어릴 적 할머니가 도토리묵을 자주 쑤어주셨어요. 향수 어린 도토리에 한국과 미국의 문화적 연결고리가 있다는 사실이 흥미로웠어요. 단순히 한국에서 도토리를 먹기 때문에 우리 메뉴에 넣은(표면적인 이유) 것이 아니라, 제 입장에서 재해석한 식재료로 만든 요리를 손님들과 나누고 즐긴다는 사실은 개인적으로 큰 의미가 있습니다.

앞으로 새롭게 도전하고 싶은 부분은.

한국식 뚝배기 문화나 중국식으로 커다란 테이블에 여러 음식을 놓고 나눠 먹는 방법을 시도해보고 싶어요. 소량의 메뉴가 코스로 서빙되는 파인 다이닝에서 찾아보기 힘든 식사법이지만 도전해보면 재미있을 것 같아요. 코스식 메뉴 서빙이 파인 다이닝의 전부이거나 룰은 아니잖아요? 언젠가 한 테이블에서 다양한 메뉴를 여러 사람과 나눌 수 있는 새로운 파인 다이닝 문화를 선보이고 싶습니다.

셰프가 좋아하는 식재료는.

다양한 재료를 시도해보는 것을 좋아하는데 요즘 자주 사용하는 재료는 말린 해산물이에요. 마른 해삼이나 전복, 가리비는 생물과는 전혀 다른 질감이 있어 응용할 수 있는 부분이 많아요. 국물을 낼 때나 소스의 기본 맛을 낼 때 자주 사용하고 있습니다.

당신에게 영감을 주는 셰프는.

전에는 세계 레스토랑 트렌드를 이끈 셰프 토마스 켈러Thomas Keller, 다니엘 블루Daniel Boulud, 알랭 뒤카스Alain Ducass에게 영감을 받았어요. 지금은 세계 요리 트렌드를 이끄는 르네 레드제피René Redzepi와 데이비드 창David Chang에게 많은 영감을 받고 있어요. 사람들이 음식에 대해 생각하는 것과 먹는 방법, 시대의 가치관을 바꾼 혁신적인 셰프들이죠. 셰프의 요리가 맛이 있거나 없다는 것은 중요한 사실이 아닌 것 같아요. 맛이라는 건 상대적일 수 있잖아요. 중요한 것은 그들이 가진 영향력이죠.

당신이 최고의 성취감을 느꼈을 때는.

베누에 총주방장이 생겼을 때 말할 수 없는 성취감을 느꼈습니다. 오너 셰프로서 누군가 저 대신 주방을 안정되게 이끌어주는 총주방장이 있다는 것은 정말 큰 행운입니다. 총주방장 브랜든 로저Brandon Rodgers는 제가 원하는 것이 무엇인지 빠르게 이해하고, 저를 대신해 완벽히 메뉴를 요리해냅니다. 처음 베누를 오픈했을 때 레스토랑에서 일어나는 아주 사소한 일부터 커다란 프로젝트까지 제가 다 책임을 지고 해야만 했죠. 재료 선택, 구입, 품질 관리, 메뉴 콘셉트에서 새로운 조리법 개발까지…. 정말 일이 끝이 없었어요. 그때는 다른 방법이 없었죠. 하지만 지금은 브랜든이 저의 많은 역할을 대신하기 때문에 더 많은 것을 생각하고 준비할 수 있는 여유가 생겼습니다.

당신의 가장 가까운 조언자는.

둘째 누나요. 아무래도 누나가 가까이 살고 있기 때문에 언제든 찾아갈 수 있어 좋아요. 가족이기 때문에 진심 어린 충고나 피드백을 망설임 없이 해주고, 또 저도 편하게 받아들이게 됩니다.

개인적으로 채워야 할 부분이 있다면.

인내심이요. 사람들에 대한 기대감이 큰 편이예요. 물론 제 자신에 대한 기대감도 커요. 내가 기대한 결과에 미치지 못했을 때 인내하는 법을 배우고 싶어요. 아직 어떻게 배워야 할지 잘 모르겠지만요.

10년 후 셰프의 목표가 있다면.

그때도 지금처럼 베누에서 일했으면 좋겠어요. 베누만의 독립된 요리를 할 수 있다는 것 자체에 감사해요.

그 어떤 셰프들보다 고무적이었던 코리 리의 인터뷰. 문득 셰프가 고민하고 있는 인내심이 머릿속을 맴돌았다. 인내심. 이 세상에 어떤 직업이 수고스럽지 않겠냐만은 셰프라는 직업은 유독 무겁게 느껴진다. 키친이라는 제한된 공간에서 최소 15시간 이상의 오랜 노동 시간을 버텨야 하는 체력, 그리고 트렌드를 먼저 읽어내고 끊임없이 배출해내야 하는 독창적인 아이디어. 인내심을 가지고 이 모든 도전을 즐기는 자만이 결국 성공한 셰프가 될 것이다. 코리 리는 자신의 정체성, 문화, 소속감 탐구를 통해 샌프란시스코의 새로운 파인 다이닝을 이끌고 있다. 그의 가슴 깊은 곳에 자리 잡은 한국 문화에 대한 자긍심과 지식의 깊이, 탐구에 대한 열정은 그 어떤 한국 셰프들보다도 깊었다. 셰프 코리 리의 손끝을 통해 진화될 한식의 세계화가 기대된다.

새우로 속을 채운 오호츠크 해삼과 오이, 발효 고추

Okhotsk Sea Cucumber Stuffed with Shrimp, Cucumber, Fermented Pepper

보기 드문 커다란 건조 해삼이 위풍당당하다. 오호츠크해에서 수확한 해삼은 홋카이도에서 열두 번 이상 데치고 건조시키는 과정을 반복해야만 베누의 테이블에 오를 수 있다고 한다. 쫄깃한 해삼과 부드러운 새우 무스의 질감 대비가 강렬한 첫맛은 깊은 바다 향 소스와 함께 더 담백해지고, 신선한 오이의 청량감으로 깔끔하게 마무리된다.

코냑에 조린 소고기와 양파, 송로버섯

Beef Braised in Cognac, Onion, Black Truffle

캘리포니아 자연주의 농장 브롤리Brawley에서 귀하게 자란 최상급 소고기의 맛을 100% 살린 요리다. 셰프는 코냑에 재운 두툼한 소고기를 참나무 숯에 구워 향을 살리고 검은 송로버섯, 코냑, 소고기 육수로 만든 소스로 풍미를 더했다. 세 가지 다른 방법으로 조리된 양파(피클, 퓨레, 튀김)와 잘게 갈아 넣은 검은 송로버섯의 씹히는 맛이 경쾌하다.

아귀 간 보딘과 파래, 크루디테

Monkfish Liver Boudin, Sea Lettuce, Crudités

보딘은 프랑스식 소시지를, 크루디테는 생야채를 일컫는다. 셰프는 아귀의 간과 꼬리, 우유, 생크림을 이용해 독특한 보딘을, 래디시와 오크라, 버섯으로 크루디테를 만들었다. 가다랑어, 타마리, 미린, 유자로 만든 소스와 콤부다시, 가다랑어로 만든 거품소스는 전혀 다른 듯하면서도 비슷하다. 크루디테의 신선함은 부드러운 보딘과 대비를 이루고 파래는 이 둘을 바다 향으로 은은하게 엮어준다.

가리비 꽃

Scallop Blossom

홋카이도산 가리비로 만든 핑크빛 무스를 둘러싼 순수한 가리비 살 꽃잎과 그 위에 차분히 뿌려진 국화꽃잎이 고요하다. 말린 가리비와 말린 국화로 만든 담백하고 향긋한 소스와 어우러진 가리비 꽃의 풍미는 마음의 풍요를 가져다준다.

하얀 참깨 케이크와 소금이 들어간 자두

Sesame White Cake with Salted Plum

베누의 파티스리 셰프 코트니 슈미디그Courtney Schmidig가 심혈을 기울여 만든 하얀 케이크는 축제의 의미가 담겨 있는 디저트 메뉴다. 참깨 향이 은은하게 감싸는 케이크의 질감은 매우 가볍고 섬세하다. 일본식 우메보시를 연상시키는 시큼하지만 깊은 소스의 맛은 버터크림의 느끼함을 줄여준다.

◆◆◆◆◆◆
BENU
Michelin ***
www.benusf.com
+1 415 685 4860
22 Hawthorne Street, San Francisco, CA 94105, USA
Tue-Thur 5:30–8:30p.m.
Fri-Sat 5:30–9:30p.m.

Carlo Cracco

이탈리아 멀티 스타 셰프
카를로 크라코

Carlo Cracco

1965년 이탈리아 비첸차 출신
1979년 이탈리아 Instituto Professionale Alberghiero 수료

RISTORANTE IN MILANO

패션의 도시로 우리에게 잘 알려진 이탈리아의 북부 밀라노는 유럽 전역과 이탈리아 반도를 연결하는 교통과 물류 교역의 중심지이자 유명 명품 브랜드의 성지다. 밀라노는 셰프 카를로 크라코 열풍으로 들썩이고 있다. 남성 잡지 〈GQ〉 표지를 비롯해 각종 패션, 식품 광고 모델로 활동하는 셰프의 모습은 밀라노 거리에서 쉽게 찾아볼 수 있다. 그의 매력은 유명 요리 리얼리티 쇼 프로그램 〈헬스 키친 이탈리아Hell's Kitchen Italia〉와 〈마스터 셰프Master Chef〉에서도 유감없이 발휘된다. 참가자들을 울린 셰프의 냉철한 코멘트와 판정은 이탈리아 여성들을 '크라코앓이'로 골아넣었다.

그의 스타 셰프 이미지는 이탈리아 미디어가 만들어낸 허상이 아니다. 호텔 학교에서 이탈리아 전통 요리를 마치고 구알티에로 마르케시, 알랭 뒤카스, 루카스 카통의 유명 셰프의 키친에서 수련한 후 이탈리아의 유명 레스토랑 이노티카 핀치오리Enoteca Pinchiorri를 거쳐, 현재 레스토랑 크라코의 오너 셰프 자리에 오른 카를로 크라코의 경력은 화려하다. 싱가포르 항공과 트렌이탈리아나의 퍼스트 클래스 메뉴도 직접 디렉팅한 셰프는 기업체에서도 꾸준한 컬래버레이션 제안을 받고 있다.

역시 스타 셰프를 만나기란 쉽지 않았다. 현재 이탈리아에서 가장 인기 있는 셀럽인 그의 스케줄은 그야말로 숨 쉴 틈조차 없다고 한다. PR 매니저와 수십 차례 이메일과 전화 섭외를 통해 그를 마스터 셰프 촬영장에서 만날 수 있었다. 스튜디오는 정적으로 가득 차 있었다. 참가자들의 요리를 판정하는 크라코의 날카로운 코멘트가 모두를 긴장시켰다. 녹화가 잠시 중단되자 조금 긴장이 풀린 크라코는 인터뷰차 동행한 우리 일행을 따뜻하게 맞아주었다. 이탈리아를 넘어 세계가 주목하는 셰프 크라코에게 나는 "당신은 누구죠?"라는 첫 번째 질문을 했다. "카를로 크라코입니다. 밀라노에 살고 있고, 세 아이의 아버지, 한 아이는 지금 오고 있어요. 넷째가 다음 달에 태어납니다." 그는 셰프나 셀러브리티가 아닌 평범한 가장으로 자신을 소개했다.

셰프 카를로 크라코의 열풍에 놀랐다.

저도 놀라요. 문득 길을 지나다가 제 얼굴이 크게 있는 포스터를 보면 저게 나인가 싶을 때가 많아요.

당신은 셰프인가, 방송인인가.

저는 오너 셰프예요. 하지만 셰프라고 주방에서 365일 요리만 해야 하는 것은 아니라고 생각합니다. 요리에 대한 영감은 의외의 곳에서 발견되기도 해요. 그래서 방송도 해보고, 모델도 해보고, 제게 주어진 기회에 도전하고 경험해보는 것은 중요한 학습의 과정이라고 생각해요.

어렸을 때부터 셰프가 되고 싶었나.

셰프가 되고 싶어서 열네 살에 요리 학교를 다니기 시작했어요. 하지만 안타깝게도 저는 요리에 소질이나 재능이 없었습니다. 지도 선생님이 요리 말고 다른 길을 선택하라고 권할 정도였으니까요. 처음엔 성적도 나빴고, 동기들보다 배우는 것도 많이 느렸어요. 그런데 지금 이렇게 셰프가 되었으니…. 인생은 참 알 수 없는 것 같아요. 요리에 천부적인 재능이 없다는 것을 잘 알고 있었어요. 남들과 비교하면 할수록 괴로웠죠. 제가 할 수 있는 것은 남들보다 더 열심히 요리하는 것밖에 없었어요. 제 결핍이 꾸준한 노력이라는 훌륭한 습관을 만들어주었죠.

이탈리아를 대표하는 패밀리맨으로서 가족을 위해 어떤 요리를 하는지 궁금하다.

평일엔 가족 스케줄이 모두 다르기 때문에, 주로 주말에 함께 식사해요. 가족을 위해 간단한 이태리 가정식을 즐겨 요리합니다. 치즈와 살라미 또는 햄만 있으면 간편하고 맛있는 리소토를 만들 수 있어요. 복잡한 요리를 하느라 많은 시간을 들이는 것보다, 맛있지만 간단한 요리로 조리 시간을 줄이고 조금이라도 더 많은 시간을 가족과 보내는 게 제겐 더 중요합니다.

레스토랑 크라코의 스타일은 어떤가.

이탈리아와 프랑스 요리를 기본으로 새로운 식재료, 레시피, 이야기, 영양학적 조합을 응용해 크라코 스타일을 완성합니다.

특별히 자신의 스타일에 영감을 주는 경험이 있다면.

김치와 된장! '서울 고메 2010' 참가차 한국에 갔었어요. 한국 전통 음식을 파인 다이닝으로 차려낸 한정식 상차림은 신선한 충격이었죠. 화려한 색색의 반찬과 어우러진 메인 메뉴는 영양학적으로 완벽한 조화를 이룬 훌륭한 테이블이었습니다. 한국 요리에 영향을 받아 된장을 이용한 리소토를 개발한 적도 있어요. 셰프로서 한국 음식은 응용하고 싶은 매력적인 요소가 많습니다.

가장 자랑스러운 메뉴가 하나 있다면.

요리 학교 다닐 때 제가 워낙 요리를 못해서 선생님이 주말마다 레스토랑으로 보충 수업을 보냈어요. 그때 열심히 해보려는 마음에 개발한 메뉴가 러시안 샐러드입니다. 지금까지도 레스토랑에서 애피타이저 메뉴로 남아 있습니다. 크라코의 스테디셀러 메뉴라고 할 수 있죠.

셰프 크라코를 성장시킨 멘토는 누구인가.

구알티에로 마르케시는 이탈리아 전통 식문화에 독특한 비전을 제시하면서 이탈리아 모던 퀴진을 만들었죠. 그는 시대를 뛰어넘는 혁신적인 셰프이자 살아 있는 전설이에요. 선생님에게 배운 지식과 훈련이 지금의 셰프 크라코를 만들었다고 해도 과언이 아니죠.

개인적으로 좀 더 배우고 싶은 부분이 있다면.

영어를 유창하게 구사하고 싶어요. 셰프가 되고 싶은 젊은 친구들에게, 또 아이들에게 늘 하는 말이에요. 한 가지 언어를 더 구사할 수 있다는 것은, 다양한 세상과 만날 수 있는 가능성을 열어줍니다. 새로운 경험을 통해 얻을 수 있는 정보를 생각해보면 실로 엄청나죠. 제가 영어를 자유자재로 구사하게 된다면, 제 요리도 지금과는 많이 달라졌을 것 같아요.

TV 프로그램 '마스터 셰프 이탈리아'의 특별한 페르소나 설정이 있는가.

쇼를 위해 따로 캐릭터를 정하진 않습니다. 저희 레스토랑에서 일하는 스태프를 대하듯 있는 그대로 행동해요. 설정은 없습니다. 리얼리티 쇼이기도 하고, 참가자들의 요리를 판단하는 것은 제 일의 연장선입니다. 저는 주방에서 엄격하고 보스 기질이 강한 편이에요. 본의 아니게 가끔 직설적으로 말하기도 하고, 큰소리를 내기도 하죠. 프로그램이 참가자들에게 보여주기식 쇼가 아닌 살아 있는 교육의 장이 되길 바랍니다.

미식 가이드에 대한 의견은.

미식 가이드는 전 세계 셰프들에게 하나의 지침서가 되어줍니다. 하지만 그 시스템이 정확히 좋은 레스토랑을 선별하는 최고의 도구라고 생각하진 않아요. 모든 센세이션엔 개인차가 있기 나름이죠. 최고의 레스토랑이나 셰프는 자로 잰 듯 정확히 객관적으로 수치화할 수 없습니다.

인생에서 성취하고 싶은 포부가 있다면.

한 개인의 행복을 위해 일도 중요하지만, 제겐 무엇보다 가정이 우선입니다. 가정이 행복하지 않으면 제가 편안할 수가 없어요. 꼭 도미노 같아요. 물론 오너 셰프인 제가 행복하지 않으면 레스토랑도, 함께 일하는 팀도 행복해지기 힘들죠. 개인적으로 가정의 행복을 지키는 것은 제가 가진 모든 것을 지킬 수 있는 길인 것 같아요.

요리 트렌드에 대해 앞으로 어떻게 전망하나.

좋은 품질의 순수한 날것, 생재료가 더 관심을 받을 것 같아요. 밭에서 따온 신선한 채소는 맛을 만들어낼 필요가 없습니다. 이미 재료 자체의 맛이 충분히 완벽하지요. 저 역시 날것 그대로의 순수함을 지키기 위해 최소한의 테크닉이 들어간 간단한 레시피를 선호합니다. 가장 최소한의 조리가 최선이라 믿어요.

한국 독자에게 이탈리아 음식을 즐길 수 있는 방법을 조언한다면.

한국의 자연조건은 이탈리아와 많이 다르죠. 한국에서 이탈리아 요리를 즐기기 위해 이탈리아산 재료만 고집할 필요는 없는 것 같아요. 긴 운송 과정 동안 손상된 재료보다 현지에서 신선한 식재료를 구매하는 것이 더 합리적입니다. 이탈리아에선 신선하고 풍부한 맛을 가진 토마토와 엑스트라 버진 올리브오일이 가장 기본적이고도 중요한 재료예요. 한국에선 대부분 올리브오일을 수입하고 있다고 들었어요. 조금 더 비싼 가격을 지불하더라도 수출 관리가 잘된 고품질의 올리브오일을 구입하는 것을 권합니다. 올리브오일 하나로도 응용이 가능한 메뉴가 엄청나요. 또 올리브오일은 요리 전체의 맛을 좌우하기도 하거든요.

마스터 셰프를 꿈꾸는 이들에게 한마디.

주방에서 맡겨진 일을 남과 비교하지 말고 무조건 열심히 하세요. 작은 일에도 책임지고 최선을 다하는 성숙한 자세가 중요합니다.

236

요리를 못했던 소년은 재능이 없는 자신을 자책하지 않고 셰프가 되기 위해 부단히 노력했다. 요리를 사랑했기 때문에 포기하고 싶지 않았다. 그리고 소년은 이탈리아가 열광하는 스타 오너 셰프가 되었다. 셰프, 모델, 방송인. 멀티 스타 셰프 카를로 크라코. '천재는 타고나는 것이 아니라 노력으로 만들어진다.'란 진리는 그에게 현실이 되었다. 얼마 전 크라코가 오랫동안 지켜온 미슐랭 두 개 중 하나를 잃었다는 소식을 들었다. 하지만 결핍은 셰프 카를로 크라코에게 기회란 생각에 앞으로 그의 노력이 보여줄 행보를 기대해본다.

양념된 달걀노른자와 머스터드, 시금치, 잣, 건포도

Marinate Egg Yolk served with Mustard, Spinach, Pinenuts and Raisins

셰프 크라코의 애피타이저 메뉴. 페퍼를 넣은 토마토 올리브오일에 양념된 달걀노른자, 시금치 빵과 무스, 페스토, 생시금치, 머스터드로 구성된 셰프의 컬러 팔레트다. 다이너가 팔레트를 응용해 자신만의 테이스팅을 경험해보게 만드는, 재미있는 요리다.

밀라네즈 송아지 고기

Pan-fried Veal Milanese with Pumpkin, Cabbage and Potato

밀라네즈는 육류를 빵가루에 묻혀 가볍게 튀겨 오븐에 구운 밀라노 전통 요리다. 크라코는 송아지 고기를 빵가루에 입혀 버터에 가볍게 튀긴 후 오븐어 구워냈다. 곁들여진 호박, 당근, 생감자 삼색 퓌레는 요리에 생동감을 더한다.

성게와 사골을 넣은 오징어 먹물 리소토

Black Squid ink Risotto with Sea Urchins and Bone Marrow

셰프의 스페셜리티가 리소토라는 소문은 틀리지 않았다. 오징어 먹물 파우더의 블랙과 파르메산의 화이트 색상 대비가 모던 페인팅을 닮은 독특한 리소토는 그 재료부터 화려하다. 바다의 보물 성게와 땅의 진미 사골이 한 플레이트에 나란히 자리 잡기란 쉽지 않으니 말이다. 이 웅장한 재료들은 놀랍게도 가볍고 부드럽게 조리된 소스와 화려하고도 친밀한 조화를 이룬다. 입안에서 터지는 성게알과 깊은 맛의 사골은 강한 각자의 캐릭터를 가지고 있음에도 불구하고, 서로를 능가하지 않는다. 입안을 감싸 안는 고소한 먹물 파우더와 진한 향의 파르메산. 바다와 땅이 만난 이후 다음 챕터를 감미롭게 장식한다.

RISTORANTE CRACCO
Michelin *
www.ristorantecracco.it
+39 02 876774
Via Victor Hugo, 4, 20123, Milano, Italy
lunch Tue-Fri 12:30–2:00p.m.
dinner Mon-Sat 7:30–11:00p.m.

이탈리아를 대표하는 천재 셰프
마시모 보투라

Massimo Bottura

1962년 이탈리아 모데나 출생

이탈리아 중북부 볼로냐Bologna에서 북쪽으로 30분가량 떨어진 모데나Modena는 성악가 루치아노 파바로티Luciano Pavarotti의 고향이자 '이탈리아의 빵 바구니'라는 별칭으로 잘 알려진 농업이 발전한 소도시다. 모데나 명성의 중심에는 세계 최고 레스토랑 1위, 미슐랭 3스타, 감베로 로쏘, 레스프레소 최상위에 랭킹된 천재 셰프 마시모 보투라Massimo Bottura의 레스토랑 오스테리아 프란체스카나Osteria Francescana가 있다.

모데나에서 성장한 마시모 보투라는 어린 시절 할머니가 소를 넣은 복주머니 모양의 파스타 토르텔리니 반죽을 빚는 것을 보면서 마음의 평온을 찾았다는 타고난 셰프다. 아버지의 뜻에 따라 법학도의 길을 걷던 그가 1986년 모든 것을 포기하고 자신의 꿈을 좇아 처음 이곳에 레스토랑 뜨라토리아 델 깜파쪼Trattoria del Campazzo를 오픈한 이유 역시 유년 시절의 추억 때문이다. 그는 배짱이 두둑한 젊은 셰프였다. 처음엔 가겟세도 내지 못할 정도로 힘든 시기가 있었으나 결코 포기하지 않았다. 마시모 보투라의 스승인 스타 셰프 알랭 뒤카스는 그를 '끊임없는 탐구 정신과 무한한 세련미, 그리고 위트를 겸비한 천재'라고 평가했다. 끊임없는 도전과 배움에 대한 갈망은 그를 세계 최고의 셰프로 성장시켰다.

모데나의 조용한 골목에 위치한 레스토랑 오스테리아 프란체스카나는 작은 갤러리 같다. 유독 예술을 사랑하고 예술가를 후원하는 셰프 부부의 취향이 적극 반영된 공간이다. 프란체스코 베촐리Francesco Vezzoli의 〈장밋빛 인생La Vie en Rose〉과 카를로 벤베누토Carlo Benvenuto의 〈테이블과 컵Table and Glass〉 등 눈에 익은 현대 미술 작품이 홀을 장식한다. 셰프의 사무실에서 개구진 웃음과 제스처가 천진난만한 마시모 보투라를 만났다. 셰프는 나와 몇 마디를 나누더니 금방 돌아오겠다며 자리를 비웠다. 한참이 지나도 소식이 없어 레스토랑에 물어보니 잠시 레스토랑을 나갔다고 한다. 당황스러운 마음에 레스토랑 스태프를 이끌고 셰프를 찾으러 모데나 구석구석을 돌아다녔다. 셰프가 운영하는 캐주얼 레스토랑, 동네 카페, 마지막으로 셰프의 집까지. 그렇게 시작된 나의 여정은 결국 마시모 보투라 잡기 숨바꼭질 인터뷰로 이어졌다.

법학도에서 셰프가 된 사연은.

행복하지 않았어요. 법을 공부할 땐 열정이 없었죠. 아침에 눈을 뜨고, 밤에 잠이 들
때 '오늘 잘 살았나, 내일이 기대되는가'를 떠올리면 전혀 즐겁지 않았어요. 하지만
요리는 달랐죠. 요리 이야기도 재밌고, 맛있는 음식 먹는 것도 좋았고, 요리를 하는
것도 재미있었어요. 그리고 그게 제가 살고 싶은 삶이에요. 열정이 가득한, 재밌고
행복한 인생이요.

처음부터 레스토랑이 성공적이진 않았다고 들었다.

제가 오픈한 뜨라토리아 델 깜파쪼, 오스테리아 프란체스카나 모두 처음에 반응이
신통치 않았어요. 20대 초반엔 젊은 사기와 의욕만 충만했지 레스토랑 운영에 대한
준비는 많이 부족했어요. 또 사람들도 제 요리를 전혀 이해하지 못했죠. 푸드 크리틱
의 충격적인 혹평도, 모데나 사람들의 비난도 많이 받았습니다. 레스토랑을 오픈했
는데 손님이 오질 않아 스트레스도 많이 받고 실패했다는 생각에 괴로웠어요. 그래
도 포기하고 싶지 않았어요. 매일 어떻게 더 나아질지 연구하고 주변 사람들의 조언
도 구하고 그렇게 버텼어요. 그러더니 때가 오더라고요. 실패 없인 지금의 저도, 오
스테리아 프란체스카나도 없었을 거예요.

당신이 생각하는 최고의 요리는.

할머니가 금방 만든 생토르텔리니가 최고죠. 저는 활발하고 에너지가 넘치는 아이
였어요. 형이 셋 있는데 온 집안을 미친듯이 뛰어다니며 노는 저를 무척 싫어했죠.
자기들끼리 힘을 합쳐 저를 혼내곤 했는데 그때마다 형들을 피해 할머니가 있는 부
엌으로 도망가 식탁 아래에 숨었어요. 식탁 아래에서 본 세상은 너무 아름다웠어요.

뜨거운 햇살에 눈처럼 내리는 고운 밀가루, 고소한 토르텔리니와 할머니의 향기…. 모든 것이 평온해지는 순간이었죠. 그때 식탁 위로 손을 뻗쳐 할머니가 금세 만든 생 토르텔리니를 훔쳐 먹었어요. 얼마나 맛있었던지. 멈출 수가 없었죠. 그 추억이 저를 셰프로 이끈 것 같아요.

마시모 보투라의 요리 스타일.
제 살은 파르미지아노 레지아노Parmigiano Reggiano 치즈로, 제 피는 아세토 발사미코Aceto Balsamico 식초로 만들어졌다고 해도 과언이 아니에요. 그리고 모데나는 제 DNA입니다. 제 요리는 이탈리아 전통과 코데나에 10마일 가까이 존재해요. 하지만 제 요리가 이탈리아 어디서나 먹을 수 있는 파스타, 피자, 샐러드 같은 가정식은 아니에요. 마시모 보투라 스타일은 제 경험과 감성에서 시작되고 기존 관념을 깨면서 완성되죠.

요리 개발의 과정은 어떻게 이루어지는지.
따로 시기를 두고 메뉴를 개발하지 않습니다. 무엇보다 먼저 오랜 기간 동안 아이디어를 찾고 식물에 물을 주듯이 조금씩 성장을 시키죠. 너무 빨라도 너무 늦어도 안 돼요. 아이디어가 무르익어 메뉴로 변형이 가능하지면 다양한 식재료와 테크닉을 통해 레시피를 만듭니다.

레스토랑이 프라이빗 갤러리 같다.
사람들이 이해하지 못하는 작품을 레스토랑에 전시하는 것을 두려워하지 않아요. 제 요리의 재료를 바꾸는 것처럼 레스토랑에 걸린 작품도 바꿔 변화를 줍니다. 제가 다이너와 소통하는 방법이죠. 제가 생각하는 좋은 작품을 제 요리와 함께 다이너와 나누고 싶어요. 예술이 제 요리 세계에 찾아온 것처럼. 저희 레스토랑을 찾아온 모든 사람들의 삶에 예술이 찾아오길 바라는 마음입니다.

요리 이외에 다른 예술 활동을 하는지.
현대 미술과 음악은 좋아하지만 악기를 연주하지도 그림을 그리지도 않아요. 제겐 요리가 연주할 수 있는 악기이자 뭐든 그려낼 수 있는 캔버스죠. 제 모든 창의력과 에너지는 요리에 쏟고 있습니다.

마시모 보투라 최고의 성과는.
세 가지가 있어요. 첫째는 모데나에서 제 요리를 인정받은 것이죠. 이탈리아 사람들은 가정식에 대한 애착이 강해요. 처음 저희 레스토랑 메뉴는 이탈리아 사람들에게 할머니나 어머니가 해주던 가정식에 대한 위협이었죠. 긴 세월이 흘러 지금은 모데나의 셰프이자 레스토랑이 되었습니다. 둘째는 모든 셰프의 꿈인 미슐랭 3스타 셰프가 된 것이고, 마지막은 2016년 오스테리아 프란체스카나가 세계 1위 레스토랑으로 선정된 기록입니다.

셰프에게 소중한 스승은.
조지 코니George Cogny, 알랭 뒤카스Alain Ducasse, 리디아 크리스토니Lidia Cristoni. 특히 리디아는 제가 가장 어려운 시기에 함께 일하며 레스토랑 운영에 큰 도움을 주었어요. 지금 우리는 다양한 셰프를 만날 기회가 많은 세상에 살고 있습니다. 책을 통해서, 소셜 미디어를 통해서, 방송을 통해서…. 다양한 사람을 만나고 서로의 스승이 되어주세요.

앞으로 더 배우고 싶은 게 있다면.

무엇이든지 배우고 싶어요. 계속 배우지 않으면 할 수 있는 게 없어요. 평생 배우는 것을 멈추지 않을 거예요.

후배 셰프들을 위한 조언이 있다면.

지금 당신은 꿈이 있으세요? 누구나 하나 이상의 꿈은 늘 필요합니다. 발은 땅을 딛고 있어도, 머리는 늘 구름 위에 있어야 해요. 꿈이 있다면 지금 당장 불가능해 보이더라도 절대 포기하지 마세요. 꿈은 우리를 깨어 있게 합니다.

셰프 마시모 보투라에게 요리란 무엇인가.

어린 시절 함께 뛰놀던 친구들 사이에서 저는 늘 요리 담당이었어요. 친구들끼리 우르르 동네를 몰려다니다 배고파지면 다 저만 쳐다봤어요. 제가 친구들 중에서 유일하게 요리를 할 줄 알았죠. 제 요리를 친구들이 맛있게 먹는 모습이 그렇게 좋더라고요. 요리는 사랑의 행위입니다. 저는 관계에 대한 가치를 믿어요. 사랑하는 사람들을 위하는 마음이 요리하게 만들죠.

당신은 행복한가.

행복은 잡으려고 집착하면 안 되는 것 같아요. 계속 행복을 향해 달릴 수는 없어요. 때로는 방황도 해야 하고, 멈추기도 해야 하고, 뛰어야 할 때도 있어요. 중요한 것은 방향입니다. 내가 가는 방향이 행복을 향하는지 아닌지는 오직 나만 알 수 있어요.

BLOR'S
for
assim Maa

셰프의 두 손과 입은 잠시도 쉬질 않았다. 얼마나 열정적으로 이탈리아 요리, 와인, 모데나에 대해 열변을 토하는지 그의 뜨거운 피가 내게도 흐르는 느낌이었다. 셰프는 오늘도 꿈을 꾼다고 한다. 꿈이던 미슐랭 3스타, 세계 1위 레스토랑이란 엄청난 성취를 이룬 셰프로서 조금은 여유를 가질 만한데, 그의 일상은 새로운 꿈으로 다시 분주해졌다고 한다. 셰프는 '2015 밀라노 푸드 엑스포'에서 버려진 식재료를 요리해 사회 소외 계층과 나누고 있으며, 이 프로젝트를 세계 유명 셰프들과 함께 전 세계로 확산시키고 있다. 자신의 꿈을 위해, 나눔을 위해 오늘도 세계를 누비는 셰프 마시모 보투라. 그의 키친에서 진화하는 세상을 상상해본다.

치즈와 페퍼 리소토

Risotto Cacio e Pepe

2012년 5월 이탈리아 에밀리아-로마냐Emilia-Romagna 지역에 큰 지진이 있었다. 파르미지아노 레지아노 치즈 공장과 쌀 농장은 큰 피해를 입었고 엄청난 물량의 치즈와 쌀은 상품으로써 가치를 잃을 위기에 놓였다. 마시모는 지역 농가를 돕고자 파르미지아노 치즈와 쌀 소비를 권장하는 리소토 레시피를 개발했다. 전통 로만 스파게티 레시피인 페코리뇨 치즈와 파스타 대신 파르미지아노 치즈와 쌀을 사용해 지진으로 무너진 에밀리안의 재건과 희망을 은유적으로 표현했다. 셰프 마시모의 따뜻한 마음이 담긴 레시피는 뜨거운 반응을 얻어 전 세계인들이 너도 나도 리소토를 만들어 소셜 미디어에 공유하는 하나의 사회 운동으로 이어졌다.

위장(숲 속의 트끼)

위장(숲 속의 트끼)

Camouflage(Hare in the Woods)

1914년 파블로 피카소가 파리에서 처음 군용 위장 트럭을 보고 큐비즘을 외친 일화에서 셰프가 영감을 받아 개발한 디저트다. 플레이트에 숨겨진 은은한 이틀리아 전통 아몬드 케이크의 맛과 달콤한 초콜릿, 진한 풍미의 토끼 스튜소스가 드라마틱하게 전개된다.

천 개의 입사귀

Millefoglie di Foglie

젊은 마시모 보투라가 걷던 겨울 풍경을 담은 메뉴다. 천 개의 잎사귀라는 뜻의 이 요리는 얇은 설탕 옷이 입혀진 바삭한 샐러드 잎을 헤이즐넛, 밤, 호박, 귤, 리몬 등으로 만든 크림과 소스를 이용해 겹겹이 쌓아 올렸다. 마치 하얀 서리가 내려앉은 잎사귀로 가득한 겨울 숲속의 깊은 맛이다.

OSTERIA FRANCESCANA
Michelin***
www.osteriafrancescana.it
+39 059 22 3912
Via Stella, 22, 41121 Modena, Italy
lunch Mon-Fri 12:30-1:30p.m.
dinner Mon-Fri 8:00-9:30p.m.
이 외 시간대별 예약 입장

영국을 품은
인도 요리의 선구자
아툴 코챠

Atul Kochhar

1969년 인도 잠셰드푸르 출생
1990년 인도 The Institute of Hotel Management Chennai 호텔 매니지먼트 수료
1992년 인도 Oberoi School of Hotel Management Kitchen Management 수료

영국 런던의 부촌 메이페어Mayfair의 중심에 위치한 레스토랑 베나레스Benares. 지난 2003년 오픈 이후 미식 평론가들에게 극찬을 받은 이곳은 모던 인도 요리의 선구자 아툴 코챠의 키친이 있는 레스토랑이다. 아툴 코챠는 1994년 영국으로 이민와 런던 레스토랑 타마린드Tamarind의 헤드 셰프로 일하면서 2001년 인도 최초 미슐랭 스타 셰프가 된다. 이후 2007년 베나레스의 오너 셰프로서 또 다른 미슐랭 스타를 거머쥔 그는 젊은 인도 셰프들의 워너비이자 롤모델이다.

아툴은 영국 왕실이 사랑하는 영국 최고의 셰프다. 엘리자베스 여왕의 인도 방문이나 찰스 왕세자의 만찬에서도 아툴은 섭외 1순위 셰프다. 영국의 라이프스타일 브랜드 막스앤스펜서Marks&Spencer의 인디언 푸드 섹션을 컨설팅하기도 한 아툴은 BBC의 요리 프로그램 〈Saturday Kitchen〉에 출연하면서 새로운 스타 셰프가 되었고, 2005년 영국 커리 어워드와 2010년 TMG 코르동 블뢰 어워드를 수상하면서 당당히 그의 실력을 입증했다.

셰프 아툴을 만나기 위해 베나레스를 찾았다. 은은하게 흐르는 분수와 차분한 조명은 갠지스강이 흐르는 신성한 도시 바라나시Varanasi를 연상시킨다. 커다란 다이닝 홀과 안락한 프라이빗 다이닝 룸, 그리고 칵테일 바는 인도 특유의 감성과 현대적인 영국 스타일이 절묘한 조화를 이뤘다. 키친이 한눈에 내려다보이는 셰프의 테이블에서 훈훈한 미소와 날카로운 눈매가 인상적인 셰프 아툴 코챠를 만났다.

인도인 최초 미슐랭 스타 셰프로서 소감은.

인도 요리가 마침내 세계적으로 인정받아 감격스러웠어요. 아직 인도에는 미슐랭 가이드가 없기 때문에 인도 최초 미슐랭에 많은 사람들이 열광했죠. 2003년 베나레스를 오픈하면서 미슐랭 스타를 받기까지 3년이란 시간이 걸렸어요. 솔직히 제가 예상했던 것보다 길었죠. 아직까지도 미슐랭이 정확히 무엇을 원하는지 잘 모르겠어요. 미슐랭 스타 셰프가 된다는 것은 오스카의 최고 영화상을 받는 것과 같아요. 미슐랭 스타는 셰프가 아닌 레스토랑 모든 팀이 함께 받는 것이죠. 밤낮을 가리지 않고 열심히 일한 팀 전체가 이룬 성과입니다. 미슐랭을 받는 것도 힘들지만 유지하는 것 또한 만만치 않네요.

요리를 시작하게 된 계기는.

할아버지와 아버지의 영향이 컸어요. 할아버지는 전통 인도식 빵, 비스킷, 케이크를 굽던 제빵사였어요. 할아버지가 낮잠을 주무실 때마다 몰래 훔쳐 먹은 난카타이 Nankhatai를 생각하면 아직도 군침이 돌아요. 아버지는 할아버지와 전혀 다른 스타일의 요리로 케이터링 사업을 하셨어요. 아버지 손을 잡고 다닌 시장, 아버지가 보여준 요리 세상은 특별했죠. 사실 의대에 합격 통지를 받았는데, 마음은 이미 호텔 학교에 진학해서 요리를 하고 있더라고요.

가족 대대로 내려오는 요리 비법은?

지금도 할아버지의 레시피를 따라 난카타이를 만들어요. 할아버지는 가장 심플한 재료로 엄청난 맛을 만들어내셨죠. 기본 난카타이 재료에 채소 믹스를 넣으셨어요. 거친 퍼프의 질감과 맛이 인도 채식 문화와 잘 어울리기도 하고 독특하기도 해요.

셰프 아툴의 창의력을 움직이는 것은?

여행을 통해 만나는 새로운 세상입니다. 어려서 인도 여행을 많이 다녔고, 셰프가 되고나선 주로 캄보디아, 라오스, 태국 같은 아시아 여행을 다녔죠. 영국으로 이민 오고나서는 지리적으로 가까운 유럽과 남미 여행을 많이 다녔습니다. 여행을 가면 아무래도 제가 셰프다보니 맛집을 찾아 다니게 돼요. 양념과 재료는 서로 다르더라도 신선한 제철 재료가 우선시되는 점은 만국 요리 공통어였죠. 코펜하겐 노마 Noma에서 살아 있는 새우 요리를 먹었을 때가 아직도 기억이 나요. 지금까지 제가 먹던 새우가 아니었어요. 어떻게 표현할 수 없을 정도로 충격적인 식감과 풍미를 가졌죠. 여행을 마치면 일상이 더 바빠집니다. 머릿속이 새로운 아이디어로 가득하거든요.

아툴 코챠 스타일의 요리란?

모던 인도 요리를 하고 있어요. 제가 인도에 있을 때 했던 전통 인도 요리는 영국에서 할 수 없습니다. 영국의 지리적 위치, 식재료와 식문화는 엄연히 인도와 다르기 때문이죠. 인도 전통 식사법은 많은 요리를 한꺼번에 서빙하지만 영국 요리는 코스가 있어요. 베나레스는 인도 요리를 영국식 코스로 서빙합니다. 천천히 순서대로 서빙되는 메뉴는 다이너에게 여유를 주는 것 같아요. 요리 하나하나를 맛보고 즐기며 감상할 수 있죠. 또 영국에서 쉽게 구할 수 없는 전통 인도 재료보다는 연어나 아스파라거스 같은 로컬 재료를 레시피에 응용하고 있어요.

셰프 아툴 코챠의 베스트 메뉴.
지난 19년 동안 메뉴로 선보이고 있는 그린 피시예요. 제 실수를 통해 탄생된 요리이
기도 하죠. 요리 학교를 다니던 시절 흰 살 생선을 허브에 너무 오래 재워 생선이 초
록색이 되어버렸어요. 그냥 버리기엔 싱싱한 생선이 아까워, 한번 뭐든 해보자는 심
정으로 팬에 구웠고, 생강, 망고, 매운 토마토와 함께 곁들였는데 사람들 반응이 정
말 좋았어요. 지금도 변함없이 맛있는 메뉴예요.

당신이 뽑은 마스터 셰프가 있다면.
저희 아버지입니다. 아버지의 손에는 특별한 마법이 있었어요. 케이터링 사업을 하
던 아버지와 어린 시절 많은 시간을 함께 보냈어요. 언젠가 집에 먹을 것이 없다고 투
정했어요. 아버지는 텅 빈 냉장고에서 토마토 하나를 꺼내오셨죠. 토마토를 큼지막
하게 잘라 인도 향신료와 버무린 후 병아리콩 밀가루와 반죽해 전기 오븐에 빵을 구
워냈는데 아직도 그 맛을 잊을 수가 없어요. 빵 껍질 위에 바삭해진 향신료와 뜨거
운 토마토즙의 맛은 자연스럽고도 매우 특별했어요.

셰프의 멘토는.
아룬 아가왈Arun Agarwal 선생님입니다. 당시엔 선생님이 정말 싫었어요. 제가 녹초
가 될 때까지 정말 심할 정도로 무섭게 가르치셨어요. 엄격한 선생님의 가르침 때문
에 지금의 제가 될 수 있었다는 사실을 인정하기까지 시간이 많이 걸렸습니다. 지금
은 선생님을 제 아버지처럼 생각하고 감사한 마음을 가지고 있어요.

개인적인 목표가 있다면.

인도 음식에 대한 편견을 줟차 바꿔나가고 싶어요. 언젠가 이탈리안 레스토랑, 프렌치 베이커리, 카페 등 아툴 코챠의 멀티 컬렉션을 시도해보고 싶기도 하고요. 제 자신을 굳이 인도 최고의 셰프로 제한하고 싶지 않습니다. 이왕이면 꿈도 크게 꾸는 것이 좋잖아요. 인도 셰프라고 인도 요리만 하고 싶진 않아요. 저는 세계 최고의 셰프를 꿈꾸고 있습니다.

당신에게 미슐랭이란.

미슐랭은 신과 같습니다. 누군가가 믿는다면 미슐링은 존재하고, 믿지 않는다면 미슐랭은 존재하지 않죠. 저는 신을 믿고 있슫니다.

후배들에게 추천해주고 싶은 요리 서적은.

요리 테크닉과 응용 방법을 배울 수 있었던 미셸 루Michel Roux의 〈Sauces: Savoury and Sweet〉와 미셸 브라Michel Bras의 〈Essential Cu sine〉을 추천하고 싶어요.

런던에서 영국적 특색을 고려하지 않은 인도 레스토랑은 성공하지 못할 것이라는 아툴 코챠의 예상은 적중했다. 그의 모던 인도 요리는 늘 진보한다. 배움을 갈망하는 아툴은 언제나 영국을 연구하고 지역 특산물을 창조의 원천으로 삼는다. 그동안 그는 인도 음식을 자신만의 스타일로 개발하기 위해 실험을 거듭해왔다. 수십 년간 요리를 연구했지만 여전히 부족함을 느끼고 지금도 기회가 있으면 다른 셰프 아래에서 트레이닝을 받고 싶다는 그는 마치 수도승 같다. 자신의 재능을 삶이 끝나는 날까지 보람 있게 쓰고 싶다는 아툴 코챠. 모두가 다 알고 있는 인도 음식을 선보이는 것은 재미없다는 그는 오늘도 기발한 메뉴를 개발하기 위해 쉼 없이 노력하고 도전한다. 런던을 넘어 전 세계 사람들의 인도 음식에 대한 생각을 바꾸는 변화를 이끌어낸 셰프 아툴 코챠. 그의 혁신에 한계란 없다.

감자와 고구마

Aloo Kachaloo Chaat

셰프는 유년 시절 학교를 마치고 돌아오는 길에 사 먹었던 추억을 더듬어 이 메뉴를 개발했다. '알루 카차루 챠트'는 구운 감자나 고구마에 튀긴 도우를 더해 각종 향신료를 뿌려 먹는 인도 스트리트 푸드 중 하나다. 기름에 바싹 튀겨 바삭하고 고소한 포테이토칩과 부드럽고 담백한 고구마 무스의 상반된 질감과 맛의 조화가 재미있다. 플레이트 안에 숨겨진 타마린 젤리와 민트 처트니는 셰프가 기억하는 어릴 적 먹던 챠트의 맛을 내는 비밀 열쇠다.

오리고기 콩피로 만든 테린

Aachart Batakh

영국의 그레싱햄_{Gressingham}에서 직접 공수한 최고급 오리가 주재료인 애피타이저다. 오리의 지방을 이용해 여덟시간에 걸쳐 콩피를 만든 후, A급 푸아그라와 훈제 오리 가슴살을 더해 테린의 맛을 더욱 풍부하게 했다. 탄두리에서 구운 후, 꿀과 카시미리 사프란으로 맛을 낸 펜넬 빵과 곁들여 먹으면 깊은 향미가 입안에 오래 머문다.

강황크림과 스파이스를 가미한 배와 모과 밀푀유

Spiced Pear and Quince Mille Feuille with Turmeric Diplomat Cream

셰프가 어린 시절 할아버지의 베이커리에서 가장 좋아했던 메뉴 레시피에 강황크림을 넣어 세련된 모던 디저트로 재탄생시켰다. 진한 버터 향이 고소한 황금빛 페이스트리 시트, 강황크림과 새콤한 모과 젤리 판, 설탕과자 퐁당Fondant 레이어는 몽환적이다.

마살라 차이 수플레와 홈메이드 바닐라 아이스크림

Masala Chai Soufflé with Homemade Vanilla Ice Cream

인도 가정식 요리에서 영감을 받은 셰프 아툴의 시그니처 디저트 메뉴다. 홍차와 우유, 인도 향신료를 함께 넣어 마시는 차 '마살라 차이'는 식사 초대에 응해준 게스트에게 감사와 안녕을 바라는 마음을 전하는 메타포다. 가벼운 질감의 수플레 윗면은 상당히 얇지만 달콤하고 바삭하다. 마살라 차이의 은은한 향과 매콤한 인디언 스파이스가 가득한 부드러운 수플레는 홈메이드 바닐라 아이스크림과 환상의 조화를 이룬다.

Benares
Michelin *
www.benaresrestaurant.com
+44 20 7629 8886
12a Berkeley Square House, Berkeley Square, Mayfair, London, W1J 63S
lunch Mon-Fri 12:00-2:30p.m. Sat 12:00-3:00p.m.
dinner Mon-Fri 5:30-10:45p.m. Sat 5:30-10:45p.m. Sun 6:00-9:45p.m.

다양한 미식 가이드가 공존하는 유럽을 시작으로 미국에서 마친 여정은 2년을 훌쩍 넘겼다. 스타 셰프를 만나기란 그야말로 하늘의 별 따기였다. 인터뷰는커녕 식사 예약 잡기도 힘들었다. 몇 날 며칠을 쉬지도 않고 레스토랑에 연락했다. 마침내 기다리던 회신을 받았을 땐 한국인의 끈기와 오기는 세상 어디에서도 통하는 미덕이란 걸 깨달았다.

셰프의 테이블에서 셰프를 만났다. 셰프의 스테이지는 화려한 다이닝 홀이 아닌 키친이다. 뜨거운 열정과 차가운 냉정이 물과 불 사이에서 공존하는 묘한 곳이다. 키친은 셰프가 고군분투하는 일상이 묻어난 생존의 현장이었다. 열다섯 명의 셰프가 보여준 요리와 철학은 나를 모든 음식 앞에 더 겸손하게 만들었다.

셰프의 요리는 모두 달랐지만 셰프의 원칙은 같았다.

계절 식재료를 존중하는 마음
정체성을 담은 요리
끊임없는 노력

자신의 인생을 요리에서 찾는 이들에게 셰프란 직업 이상의 숭고한 의미를 가진다. 그들의 헌신과 노력은 21세기를 세계 미식 역사상 가장 화려한 시절로 만들었다.

이 책을 위해 뜨거운 관심과 열정 어린 시간을 나눠준 열다섯 명의 셰프들과 팀에게 무한한 존경과 감사를 전한다.

Index
Chef's Restaurants and Books

하인즈 벡Heinz Beck
La Pergola

®

Cafè Les Paillotes - Pescara, Italy
Heinz Beck Seasons - Siena, Italy
Gusto by Heinz Beck - Algrave, Portugal
Social by Heinz Beck - Dubai, UAE
Heinz Beck –Tokyo, Japan
Sensi by Heinz Beck –Tokyo, Japan
ATTIMI by Heinz Beck –Rome, Italy
St. George Restaurant by Heinz Beck –Taormina, Italy
Odyssey Restaurant –Monte Carlo, Monaco
ORA by Heinz Beck –London, UK
Ruliano with Heinz Beck –Bologna, Italy

®

Best of HEINZ BECK(2017)
Consigli e ricette per piccoli Gourmet(2012)
Ipertensione e Alimentazione(2010)
L'Ingrediente Segreto(2009)
Vegetariano(2005)
Arte e Scienza del Servizio(2004)
Finger Food(2004)
Pasta(2003)
Heinz Beck(2001)

조세 아빌레즈José Avillez
Belcanto

®

Belcanto - Lisbon, Portugal
Cantinho do Avillez - Lisbon, Portugal
Pizzaria Lisboa - Lisbon, Portugal
Café Lisboa - Lisbon, Portugal
Mini Bar - Lisbon, Portugal
Cantinho do Avillez Oporto - Porto, Portugal
Taberna in Bairro do Avillez- Lisbon, Portugal
Páteo in Bairro do Avillez- Lisbon, Portugal
Cantina Peruana in Bairro do Avillez- Lisbon, Portugal
Beco Cabaret Gourmet in Bairro do Avillez- Lisbon, Portugal

®

Combinações Improváveis(2016)
Cantinho do Avillez - The recipes(2012)
Petiscar com Estilo(2008)
Um Chef em sua casa(2006)

브누아 비올리에Benoît Violier
l'Hôtel de Ville de Crissier

®

La cuisine du gibier à plume d'Europe dans l'Art de la chasse(2014)
La cuisine du gibier à poil d'Europe dans l'Art de la chasse(2008)

폴 보큐즈Paul Bocuse
Auberge du pont de Collonges

Ⓡ

Abbaye du Collonges, Collonges-au-Mont-d'Or, France
Restaurant MARGUERITE, Lyon, France
Brasserie LE NORD, Lyon, France / Brasserie LE SUD, Lyon, France
Brasserie L'EST, Lyon, France / Brasserie L'OUEST, Lyon, France
Brasserie FOND ROSE, Lyon, France
Brasserie L'OUEST EXPRESS, Lyon, France
Brasserie LOUEST PART-DIEU, Lyon, France
Brasserie L'OUEST VILLEFRANCHE, Lyon, France
Maison Paul Bocuse DAIKANYAMA, Tokyo, Japan
Brasserie Paul Bocuse GINZA, Tokyo, Japan
Brasserie Paul Bocuse le Musée, Tokyo, Japan
Brasserie Paul Bocuse DAIMARU TOKYO, Tokyo, Japan
Brasserie Paul Bocuse la Cave, Tokyo, Japan
Brasserie Paul Bocuse NAGOYA, Aichi, Japan
Chef de France, Florida, USA

Ⓑ

My Best: Paul Bocuse(2016)
Paul Bocuse: Simply Delicious(2014)
Les plats mijotes de Paul Bocuse(2013)
Best of Paul Bocuse(2013) / The Complete Bocuse(2013)
Mes recettes simples et gourmandes, French Edition(2010)
La cuisine du marché, French Edition(2010)
Bocuse in Your Kitchen(2007)
Bocuse dans votre cuisine, French Edition(2007)
Les Meilleures recettes des régions de France, French Edition(2002)
Bocuse à la carte / Bon appetit!, French Edition(1999)
La cuisine du marché, French Edition(1998)
Cuisine des Regions de France(1998)
Bocuse dans votre cuisine, French Edition(1998)
La bonne chere, French Edition(1995)
La cuisine du gibier, French Edition(1993)
Bocuse's Regional French Cooking(1992)
Bocuse a la Carte(1989) / Paul Bocuse in Your Kitchen(1982)
Paul Bocuse's New French Cooking(1997)

마틴 위샤트Martin Wishart
Restaurant MARTIN WISHART

Ⓡ

MARTIN WISHART at LOCH LOMOND, Loch Lomond, Scotland
The Honours(Brasserie), Edinburgh, Scotland

Ⓑ

Cookbook by Martin Wishart(2008)

에르 리페르Éric Ripert
Le Bernardin

Ⓡ

Blue. Grand Cayman, Cayman Islands
Aldo Sohm Wine Bar, New York, USA

Ⓑ

32 Yolks: From My Mother's Table to Working the Line(2016)
My Best: Eric Ripert(2014)
Avec Eric(2010)
On the Line(2008)
A Return to Cooking(2002)
Le Bernardin: Four Star Simplicity(1998)

안톤 뷰흐와 야콥 홀스트럼 Anton Bjuhr and Jacob Holmström
gastrologik

Ⓡ
Speceriet, Stockholm, Sweden

마이클 시마루스티 Michael Cimarusti
providence

Ⓡ
Connie & Ted's, Los Angeles, USA
Cape Seafood and Provisions, Los Angeles, USA
Best Girl, Los Angeles, USA
Il Pesce Cucina, Los Angeles, USA

구알티에로 마르케시 Gualtiero Marchesi
Ristorante Teatro all a Scala il Marchesino

Ⓡ
Terrazza Marchesi in Grand Hotel Tremezzo, Como Lake, Italy

Ⓑ
Gualtiero Marchesi, Opere, Works(2016)
La cucina italiana: Il grande ricettario(2015)
Oltre il fornello: Segreti e consigli del re dei cuochi(2011)
Il Grande Libro Dei Cuochi(2008)
La cucina regionale italiana(1989)
La cuisine italienne réinventée(1983)
La mia nuova grande cucina italiana(1980)

크리스티안 로제 Christian Lohse
Fischers Fritz

Ⓑ
Lohses Mundwerk(2015)

코리 리Corey Lee
BENU

Ⓡ

Monsieur Benjamin, San Francisco, USA
In Situ, San Francisco, USA

Ⓑ

Benu(2015)
Under Pressure _공동 집필(2008)

카를로 크라코Carlo Cracco
Ristorante Cr acco

Ⓡ

Carlo e Camilla in Segheria, Milan, Italy
Garage Italia, Milan,Italy
Ovo by Carlo Cracco, Moscow, Russia

Ⓑ

Il buono che fa bene(2017)
È nato prima l'uovo o la farina(2016)
In prinicipio era l'anguria salata(2015)
Dire, fare, brasare(2014)
AqualcunopiaceCracco(2013)
Se vuoi fare il figo usa lo scalogno(2012)
Sapori in movimento(2006)
La quadratura dell'uovo(2004)
Carlo Cracco, White truffle utopia(2002)

마시모 보투라Massimo Bottura
Osteri a Francescana

Ⓡ

Franceschetta 58 (dining brasserie), Modena, Italy

Ⓑ

Bread is Gold(2017)
Never Trust a Skinny Italian Chef(2014)
PRO. Attraverso tradizione e innovazione(2006)
Parmigiano Reggiano(2006)
Aceto Balsamico(2005)

아툴 코챠Atul Kochhar
Benares

Ⓡ

Benares, Madrid, Spain
Hawkyns, Amersham, UK
Indian Essence, Petts Wood, UK

Ⓑ

30 Minute Curries(2017)
Benares, Michelin Starred Cooking(2015)
Curries of the World(2013)

Ⓡ **Restaurant**

Ⓑ **Book**

세기의 셰프를 만나다

2018년 3월 2일 초판 1쇄 발행

지은이 • 박루나
펴낸이 • 이동은

편집 • 박현주

펴낸곳 • 버튼북스
출판등록 • 2015년 5월 28일(제2015-000040호)

주소 • 서울 서초구 방배중앙로25길 37
전화 • 02-6052-2144 팩스 • 02-6082-2144

ⓒ 박루나, 2018
ISBN 979-11-87320-17-3 13590